安全员岗位培训丛书

# 企业安全员
# 岗位培训教程

孟燕华　主编

中国劳动社会保障出版社

图书在版编目（CIP）数据

企业安全员岗位培训教程/孟燕华主编. —北京：中国劳动社会
保障出版社，2016

安全员岗位培训丛书

ISBN 978-7-5167-2603-7

Ⅰ.①企… Ⅱ.①孟… Ⅲ.①企业管理-安全管理-岗位培训-教
材 Ⅳ.①X931

中国版本图书馆 CIP 数据核字（2016）第 140559 号

中国劳动社会保障出版社出版发行

（北京市惠新东街 1 号 邮政编码：100029 ）

*

三河市华骏印务包装有限公司印刷装订 新华书店经销

880 毫米×1230 毫米 32 开本 6.5 印张 142 千字

2016 年 7 月第 1 版 2022 年 4 月第 4 次印刷

定价：25.00 元

读者服务部电话：（010）64929211/84209101/64921644

营销中心电话：（010）64962347

出版社网址：http://www.class.com.cn

# 前　言

安全员作为企业基层的安全生产管理人员，肩负着企业安全生产的重任，安全员的工作能力与水平，直接关系到企业的安全生产水平。所以，安全员应该具备敏锐的安全意识和丰富的安全生产知识，在工作中能够辨识危险源，分析危险、有害因素，及时向领导反映，提出整改意见和措施，把事故扼杀在萌芽状态，确保企业的生产安全和职工的生命健康。

安全员的工作能力不仅要在平时的工作实践中获得，更重要的是要系统地进行理论学习，掌握新的安全技术和方法，不断地把理论应用于实践，用学到的知识指导日常工作，才能使安全管理工作系统化、全面化，不会遗留安全隐患和死角。"安全员岗位培训丛书"正是从这个角度出发，全面、系统地讲述了行业安全生产的特点，安全员需要掌握的相关法律、法规、制度、标准和特定企业的生产技术，以及职业健康和应急救援知识，是为企业安全员量身定做的一套培训和学习图书，适合于安全员岗位培训和日常工作参考。此套丛书具有如下特点：

1. 权威性。此套丛书的作者均为安全生产领域资深的专家、学者，在安全生产理论研究领域有所建树，又常深入企业生产一线进行安全生产工作指导，熟悉企业的生产特点。

2. 实用性。此套丛书不仅讲述了企业安全员应该掌握的基本知识，还穿插列举了一些真实案例，并给予恰当的点评，对安全员具有实际指导意义。

3. 专业性。此套丛书除设置一本企业安全员通用的教材之外，其他均按行业编写，突出行业特色，更具有针对性。

# 内 容 简 介

现代安全管理不但要求安全员具备相应的安全技术知识，还要求其掌握现代安全管理方法并具有分析问题和解决问题的能力。因此，不断加强业务学习，掌握劳动安全卫生知识及安全管理方法，已成为每个从事安全管理和安全技术工作人员的迫切要求。为满足广大安全工作人员学习、培训的需要，本书较全面地介绍了安全管理、安全技术等方面的知识。

全书共分六章。第一章主要强调了安全员的角色认知，介绍了安全员的作用、职责、工作方法以及对安全员的要求；第二章主要介绍了安全卫生技术知识，包括防火防爆技术、电气安全技术、机械安全技术、危险化学品的安全管理，以及职业危害及其预防、作业环境与条件的改善、劳动防护用品的管理与使用等；第三章介绍了现代安全管理的方式和方法，包括安全目标管理的具体方法、安全行为管理的主要内容以及安全文化建设的手段等；第四章介绍了班组安全建设的方法，包括班组安全建设的基础工作、创建安全合格班组的方法等；第五章阐述了作业现场安全管理的内容，包括标准化作业、习惯性违章行为的控制、作业场所危害辨识与治理、作业场所布置与清理；第六章介绍了事故现场急救与逃生的常用方法以及紧急救护的有效措施。

　　本书坚持理论联系实际，内容翔实可靠，突出科学性和实用性，适合于基层安全管理人员、安全员、安全监察人员阅读，也可作为工会劳动保护监督检查员和广大职工的参考书。

# 目 录

# 第一章 企业安全员的角色认知

## 第一节 安全员的角色与职责

基层安全员是企业安全管理网络中的末梢，这是一个较为特殊也很重要的群体。许多安全信息的传递，作业地点与作业人员的安全状态，安全隐患的查处，各种设备的安全防护设施等，凡是与安全有关系的问题，都需要安全员来监督检查和督促完成。

### 一、安全员的角色

安全员作为企业中最基层的安全生产管理人员，作用举足轻重。但要在岗位上有所作为，充分发挥自身的作用，还需正确地认识到自身肩负的责任，把握好自己的职权，以高度的责任心开展工作。

1. 安全员的四种角色

（1）当好"先锋官"。安全员在安全生产上是主角。有的安全员担心自己抓安全得罪人，工作起来有力而不敢使，这主要是对自己在安全工作中的角色认识不到位。因此，安全员要及时找到自己的位置，增强主动性，在自己的职权范围内大胆管理，切实起到"报警器"和"稳定剂"的作用。

（2）做好"二传手"。当好"先锋官"并不是说事事要亲自做，关键是找准自己的位置，一方面为企业领导分忧，另一方面保障职工生命安全和企业财产安全。因此，安全员应积极主动地想办法、出主意，起到上情下达、下情上传的作用，促进企业上下协调配合。

（3）唱好"黑脸"。作为一名安全员，对职工在生产过程中出现的违章行为，必须严肃处理，不能感情用事、姑息迁就。要把违章当作事故来对待，切实把安全工作做实做细，从而保证职工生产作业的本质安全。

（4）当好"扫雷兵"。伤害事故的发生是难免的，在事故发生后，安全员要挺身而出，迅速采取应急措施，并协助企业认真查找事故原因，主动承担事故责任，采取有效的补救措施，把事故损失降到最小。

2. 安全员的类型

目前，越来越多的年轻人走上了安全员的岗位，但他们大部分是靠师傅带徒弟的方式或靠自己平时的摸索，来了解、感悟什么是管理。因此，缺乏系统的管理知识。由于安全员一般都不脱产，属于业务和管理"一肩挑"，如果一个安全员没有较高的业务素质，不精通业务细节，不熟悉管理规程，就抓不住工作中的关键环节。常见缺陷型安全员的类型如下：

（1）盲目执行型。这种类型的安全员往往缺乏针对性，不能有的放矢地开展工作，表现为态度和作风生硬，给人一种官僚主义的感觉。

（2）大撒把型。有些安全员不是很乐意承担这一岗位职责，工作中往往表现为得过且过，对工作没有责任心。这样的安全员实际上是徒有虚名。

（3）劳动模范型。在工作中，这种类型的安全员一般踏踏实实、勤勤恳恳，但不能指导、帮助身边的职工一同搞好安全工作，所以如果不对其进行管理能力方面的培训，他们是很难胜任安全员工作的。

（4）哥们儿义气型。这种类型的安全员对待职工常常称兄道弟，像哥们儿一样，在工作中自然也容易感情用事，缺乏原则性。

（5）生产技术型。他们往往是业务尖子，但缺乏人际关系的协调能力，工作方法比较简单，常常用对待机器的方法来对待他人。

缺陷型的班组长特点和改进方法，见表1—1。

表1—1                  缺陷型班组长一览表

| 类型 | 优点 | 缺点 | 改进方法 |
|---|---|---|---|
| 盲目执行型 | 能不折不扣地完成上级交给的任务 | 具有执行的精神，缺乏创新和管理能力；态度和作风生硬，有官僚主义作用 | 多领会上级意图，开拓创新，多学习管理方面的知识，提高领导艺术 |
| 大撒把型 | 无 | 对工作没有责任心；得过且过；没有威信 | 加强责任心 |
| 劳动模范型 | 工作踏实，勤勤恳恳，不讲报酬 | 靠自己行动影响组员工作；不适合承担开拓性工作 | 加强管理能力，发挥领导作用 |
| 哥们儿义气型 | 有凝聚力，讲究义气 | 容易感情用事；缺乏原则性，把自己混同于非正式的小团体的小头目 | 找准位置，摆正态度 |
| 生产技术型 | 业务能力强，能独当一面 | 缺乏人际关系协调能力；工作方法比较简单；处理问题比较机械 | 进行人际关系沟通方面的学习和改善 |

**二、安全员的作用**

在很多基层企业，班组往往设有安全员，但一般都是兼职的，就是说班组安全员在干好本职工作的同时，还要协助班组长抓好班组的安全管理工作。班组作为企业的基层组织，其安全是否可靠直接关系企业安全生产大局，而安全员作用发挥得如何，对搞好班组安全生产有着极大的影响。因此，应充分发挥安全员的作用，做好安全生产工作。

1. 组织指导作用

安全员的组织指导作用就是引导职工按照车间、班组的安全生产规章制度开展安全工作。在组织职工开展各项安全生产工作时，充分发挥其作用，如组织职工做好生产前的准备工作，强调在作业过程中应注意的安全问题等。安全员的组织能力发挥得好，对有效杜绝各类事故的发生起着至关重要的作用。

2. 宣传教育作用

广泛开展安全事故宣传教育是做好安全工作的重要前提。安全员与岗位工人工作在一起，可充分发挥其在职工群众中的宣传阵地作用，利用工间休息和日常闲聊的时候适时在工人当中进行安全知识的宣传教育，这是做好安全工作的一项重要方法。如在生产过程中，可根据生产特点、作业强度等，利用工间休息的时间有针对性地进行预防事故的安全知识宣传教育。另外，在每周的安全日活动上，可根据一周以来所开展工作、完成任务和生产变换等情况，及时在会上进行安全工作分析教育，对出现的事故苗头或上级通报的一些典型事故案例等，组织班组人员进行讨论分析，让职工在思想意识上时刻绷紧安全这根弦，在班组形成时时、处处、事事讲安全的良好氛围。

## 3. 检查监督作用

抓安全工作，难就难在各项安全制度和措施的落实上。安全员与岗位工人工作在一起，可充分发挥其监督检查作用，把规章制度和安全措施贯彻到日常工作之中。要从点滴入手，严抓细管，从穿衣着装、日常出勤、物品放置等细小环节抓起，从小事上下工夫，严格检查落实各项安全制度，做到事故苗头一露头儿就有人管，异常情况一出现就有人报，使职工时刻保持清醒的头脑，做到居安思危，防微杜渐，常抓不懈，预防不测，及时消除不安全因素。

总之，安全员必须始终如一地履行好自己的安全职责，发挥自己的作用，认真负责地抓好安全工作，经常向领导汇报安全状况和职工的思想动态。

### 三、安全员的职责和工作特点

安全员不是一种职务，只是一个在一线最直接从事安全管理的角色。人们常说，安全员是一个良心活儿。这种说法虽不很贴切，但也反映出安全员工作范围和工作尺度的弹性。对违章行为，对事故隐患，对预防措施，责任心不强的安全员可以睁一只眼闭一只眼，被查人员还有可能心存感激，但长此下去，发生事故的可能性非常大。因此，安全员必须认真履行自己的职责，在工作中做到严格按规章制度办事，才能杜绝和减少各类事故的发生。

### 1. 安全员的职责

（1）安全员是班组长安全工作的助手，对本班组的安全工作负有重要责任。

（2）协助班组长组织本班组人员学习安全规程和上级有关安全工作的指示，并带头遵守规程；负责检查作业现场安全措施，对违章作业人员进行批评教育，必要时有权停止工作。

（3）协助班组长组织好每周一次的班组安全活动，活动要根据上级布置和要求，结合班组实际，讲求实效，并认真做好记录。

（4）参加本班组工作计划、技术措施、安全措施的讨论研究，并督促安全措施的执行。

（5）负责班组安全用具的领用、试验、管理工作，保证安全可靠。

（6）参加本班组的安全大检查，对查出的问题，协助班组长及时解决。认真进行"两票""三制"检查，即工作票、操作票以及交接班制、巡回检制、设备定期维护制。

（7）协助班组长，对本班组发生的异常、未遂、障碍、事故和其他不安全的情况及时分析，吸取教训，制订对策，督促执行，并负责按规定填表上报。

2. 安全员的工作特点

安全员是一线安全工作的指挥员和战斗员，要履行好岗位职责，就不能当"脱产干部"，必须和岗位工人打成一片，坚持做到三个"不脱离"。

（1）不脱离生产任务。在生产工作中应勇于主动承担重任，凡是需要岗位工人完成的生产任务指标，自己要首先带头完成，以优质、高效、超额的工作成绩赢得职工的信任，树立自己的威信。

（2）不脱离生产现场。既要坚持上好白班，更要经常性地参加夜班生产。只有这样，才能掌握生产现场的真实情况，取得生产全过程的第一手资料，增强安全管理的针对性和及时性。

（3）不脱离班组职工。只有调动班组职工的积极性，才能使班组安全工作上水平。安全员要经常和班组职工沟通思想，帮助他们解决思想困惑、生活和工作中的实际困难，不使一名班员带着思想包袱上岗；要因地制宜地多组织开展一些健康向上、寓安全教育于其中的文体活动，培养团队精神，建设和谐班组；要经常召开班组会议，主动把自己融入集体之中，把自己放到与班组成员平等的位置，和班组成员共同商讨班组安全工作，相互尊重、理解和支持，形成合力。

3. 工作中的常见问题

安全管理工作中安全员是最积极，也是最活跃的因素，但安全工作长期与职工打交道，要批评、处罚违章人员，因此也可以说是得罪人的工作。安全员与部分职工矛盾冲突大、关系紧张的主要原因是相互之间缺少沟通与理解，职工对待安全的意识、态度与安全员不统一是造成矛盾的关键，主要表现为：

（1）职工安全意识淡薄，安全知识缺乏，不能正确地认识事故隐患，比如施工中安全员认为存在隐患的地方，操作者却认为没关系，得过且过，或认为安全员没事找事。

（2）不少职工存在侥幸心理、冒险心理、麻痹心理、逆反心理等各种心理障碍，对安全员的提醒不重视，对安全员的管理不服从，我行我素。

（3）一些职工虽然知道违章要受处罚，并知道严格的安全管理是在保障自己的安全，但违章作业所涉及经济利益比安全生产所带来的利益更直接，存在侥幸心理。

（4）安全员与车间主任、班组长之间认识上不统一，安全管理工作得不到支持，工作难度大。

上述思想认识不解决，安全问题只靠处罚或强制执行来解决，只会增加职工对安全员的反感，甚至对安全工作产生抵触情绪，使矛盾冲突加深。许多安全员往往等到矛盾冲突发生后才想办法解决，使得安全工作较为被动。要改变这种状态，安全员必须充分发挥主观能动性，在平时就要寻找机会主动找职工交谈，进行沟通来寻求共识，提高职工的安全意识，丰富职工安全知识，以获取职工更多的关心、理解和支持安全工作。

# 第二节　对安全员的要求

作为奔波在生产一线的安全员，其形象和素质的高低优劣，是企业安全管理水平的具体体现。一个合格的安全员，在生产一线不仅要善于发现隐患，还要懂得一些心理学的知识，掌握好每位职工的心理反应和思想动态，因人施教，做到有的放矢。安全员要有超前意识，要做到防患于未然，把一切事故消灭在萌芽状态，努力杜绝一切所谓"意外事故"的发生。

## 一、安全员的素质

尽管安全员的角色似乎很小，但要"演"好这一角色并不容易，因为安全工作对安全员的要求是很高的。一名优秀的安全员必须具备以下素质：

### 1. 优良的政治素质

安全员应坚定正确的政治方向，不断加强政治理论学习，认真贯彻执行国家的安全生产方针、政策、安全规章制度，严格履行安全检查监督职责，具有保护企业和人民生命财产的思想品德。在日常工作中，对有利于安全生产的事要坚决去办，对违反安全管理的违章行为要坚决抵制，敢于坚持原则，尽职尽责。

2. 过硬的业务素质

业务素质是安全员的看家本领，是安全员应具备的素质。安全管理涉及安全法规、政策，而且还涉及企业生产中各道工艺的生产技术规范，事故处理中涉及职工切身利益，办起事来比较麻烦、阻力大，这就需要过硬的业务素质。一是政策理论水平要高；二是专业技术要精；三是管理艺术要有。要在工作中养成细致严谨的工作作风，在掌握安全管理政策、法规知识和专业技术的基础上，开阔视野，不断提高发现问题、解决问题的能力。

3. 高尚的职业道德

职业道德是人们在职业活动中形成的并应遵守的道德准则和行为规范。作为安全员在安全工作中要理直气壮地管安全，要敢讲敢管，不怕得罪人。对安全隐患不能视而不见，装睁眼瞎。要用安全员的良心和尊严查处安全违章行为，对安全工作要小题大做。安全员只要有职业责任心，严格遵守职业纪律，不搞歪门邪道、不以权谋私、不弄虚作假、求真务实、克己奉公，才能做好工作、受人尊重。

4. 良好的心理素质

作为安全员，工作繁杂，有时因对违章者进行处理会招来不理解、不支持和埋怨、谩骂等，这就要求安全员要有良好的心理素质，正确处理外界和自身原因造成的心理负担和压力。一名优秀的安全员要有事业心，热爱本职工作，把自己的工作与单位利益和职工生命安全相联系。要有责任感、自信心和自制力，平时要同职工交朋友，设身处地为职工着想，力所能及帮助职工解决工作中的难题。处理问题要心平气和，善于控制自己的情绪，宽容大度，以理服人。

## 二、对安全员的要求

### 1. 具有丰富的安全知识

很多安全员都是"半路出家",没有系统学习过安全知识,也没做过安全工作,因此,作为安全员必须不断地学习,丰富自身的安全知识,提高安全技能,增强安全意识。一名合格的安全员必须了解国家有关安全生产和职业卫生方面的法律、法规、规章和标准;熟知机械安全、电气安全、特种设备安全、职业病防治、个体防护等方面的有关知识;具有安全生产管理、安全生产技术方面的知识,熟悉本企业、本岗位生产或工艺情况。

### 2. 具有熟练的操作技能

一名合格的安全员不仅要掌握安全知识,还要具备各岗位的现场操作技能。在指出别人的违章行为时,可以按标准要求以身示范,进行熟练操作,这样才具有说服力。

### 3. 具有强烈的责任心和认真细致的工作作风

安全员的责任重大,必须树立全心全意为人民服务的思想,对自己的工作负责,对他人的安全负责,哪怕是自己受委屈,也不能放弃自己的工作责任。安全员在工作中还应认真细致,牢记"安全在于谨慎,事故出于麻痹"这一道理。在作业或检修工作中,安全员应当是工作最为细致的人,因为在作业人员的意识中,安全责任往往推到安全员身上,尽管这种想法是不对的,但安全员还是应当尽可能地想到预防事故的方方面面,采取各种有效的防范措施,努力防止安全事故的发生,做到防患于未然。

### 4. 具有强烈的敬业精神、奉献精神

作为一名安全员,首先应热爱安全工作,有"爱"这个原动力,

才能体会到安全管理工作的重大意义、重大责任，才能体会到自己工作价值，才能全身心地投入安全工作中去。安全工作是耗费时间和精力的工作，很多工作都需要利用工作之余完成，加班加点、通宵达旦是难免的事情。因此，只有不怕困难、真正愿意做安全工作、具有奉献精神的安全员，才能真正做好安全工作。

5. 具有坚强的意志

安全员在管理中时常会遇到很多困难，在制止、处罚违章行为时，有的职工不理解，甚至产生抵触情绪；事故调查时"你遮我掩"，没人说明事情的真相。面对众多的困难和挫折，安全员不能畏难、退缩，不能消沉，更不能自暴自弃放弃工作原则，要勇于克服困难，越挫越勇。

6. 具有宽容的心态

安全工作是原则性很强的工作，由于一些职工不理解，会发生各种各样的矛盾冲突、争执，甚至受到辱骂、指责。这时候，安全员应当注意工作方法，耐心疏导。因此安全员必须具有宽广的胸怀，要保持良好的心态，不做不利于工作、不利于团结的事情。

7. 具有解决矛盾冲突的能力

作为一名安全员，难免会遇到各种各样的麻烦，不能惧怕矛盾，要勇敢面对矛盾，要把处理矛盾作为锻炼自己的工具，要学会解决矛盾，在不断地解决矛盾中提高自己处理问题、解决冲突的能力。不能"大事解决不了、小事不屑解决"，或大事、小事全找领导汇报。

8. 具有良好的职业道德

品行端正才能树立"威信"，让人信服。安全员只有自身做得对、具有良好的道德风尚，职工才会接纳他的意见，服从他的管理，安全员工作才能得心应手。安全工作必须讲原则，保持并维护正确立场不变，对存在的违章行为和事故隐患，必须敢于制止，否则将可能导致伤害事故的发生。安全员参与事故调查，要做到实事求是，取证充分，在工作中还要不能徇私情，做到不怕打击报复，不怕威言相迫，不怕流言蜚语。

9. 具有良好的决断能力

企业的安全生产形势千变万化，即使安全管理再严格，手段再到位，都有不可预测的风险。看到潜在的危害事件，做好各项工作的风险辨识；当遇到紧急情况时，可果断地下命令，启动应急预案。不论在何时、何地，遇到何人，事故发生后都能迅速出击，处理及时，把各种损失降到最低限度。

10. 具有良好的身体素质

在工作中，为了安全上不留"死角"，安全员要巡检到现场的任何一个角落，不论是高空装置，还是地下设施，避免不了要东奔西走，无论白天黑夜，无论天气好坏，只要有人作业，安全员就要工作，没有良好的身体素质很难做好安全工作。

# 第三节　安全员的工作方法

在安全工作中，广大安全员尽职尽责，为使企业职工免遭事故伤害付出了大量的精力，也总结出了很多行之有效的工作方法。

## 一、安全员工作方法

1. 依靠职工，相互团结

常言道："一个篱笆三个桩，一个好汉三个帮""众人拾柴火焰高""团结就是力量""人心齐，泰山移"，所有这些都说明了依靠职工搞好团结的重要性。

依靠职工、相互团结的一个重要方法，就是遇事同大家商量，尊重职工的意见。安全员不能只听顺耳意见，不听逆耳意见，即使是错误意见，也要耐心进行说服教育，引导他们正确对待。搞好团结的主要技巧有：

（1）开诚布公。有问题摆到桌面上来，讨论时要从工作出发，不感情用事。要实事求是，不隐瞒自己的观点。处理问题时要以理服人，不以权势压人。开展教育批评时，要从团结的愿望出发，不整人、不伤人、不夸大事实，对人对己都一分为二。

（2）出以公心。要有安全成绩功归大家、缺点错误主动承担责任的风格，多做自我批评。发现职工有违章的苗头，安全员要及时进行批评教育，将事故隐患消灭在萌芽状态。

（3）办事公平。不能厚此薄彼，更不能对合得来的职工亲如兄弟，对其违章行为装聋作哑，甚至为其遮盖；对合不来的职工则视若仇人，对其缺点错误夸大事实，给予不恰当的批评。

2. 抓好典型，以点带面

"榜样的力量是无穷的""火车跑得快，全靠车头带"。抓先进典型，是提高安全工作水平的一条重要途径。因此，安全员要通过抓先进典型，来以点带面、以点促面。

3. 运用激励，强化动力

搞好安全工作的内在动力是全体职工的责任感和积极性。运用激励机制，是调动职工群众积极性的有效方法。

4. 突出重点，"弹好钢琴"

讲究工作艺术，是安全员做好安全工作的一个重要方面。安全工作的内容相当广泛，若安排不当，就会出现顾此失彼的现象。解决这个问题的办法，就要学会"弹钢琴"。弹钢琴要求十个指头的动作有节奏，互相配合。安全工作也是一样，要抓住重点，有主有次，不能眉毛胡子一把抓。安全员如果抓不住工作重点，那就等于捡了芝麻丢了西瓜。当然，其他方面工作的配合和协调也要抓好，不能有的动，有的不动，把其他工作丢掉。

**二、安全员工作经验荟萃**

1. 安全员工作中的"多"

（1）工作中坚持"五多"：

1）多学习提高。学习是提高能力的基础和前提。随着安全管理要求的不断提高和安全科技的不断进步，安全员如不重视学习，其素质就难以达到岗位工作要求。因此，要通过学习政策法规，不断提高思想认识，增强做好工作的光荣感、责任感和使命感。通过学习业务知识，不断把握对安全工作规律性的认识，提高工作的科学性、规范性和系统性。通过学习实践技术，不断提高发现隐患、治理隐患和处置突发问题的能力。

2）多借鉴他人经验。安全工作要克服经验主义，但绝对不是不尊重经验教训，安全工作中的实践经验对做好工作确实具有积极的指导作用。安全员在实际工作中不能故步自封、妄自尊大，既要向本班组有实践经验的师傅学习，掌握一两手技巧、绝活，提高实战能力；又要经常走出本班组、本单位，向兄弟班组和他人学习借鉴先进的管理经验，实行拿来主义，把别人的经验、方法与本班组的实际结合起来，不断提高班组安全管理水平。

3）多与职工沟通。安全员要养成民主管理作风，日常工作中注重听取职工的意见和建议，通过个别交流、座谈讨论、班务公开等多种方式征集职工的合理化建议，集中职工的智慧。同时，通过与职工交流，既可以及时掌握他们的思想动态，对存在的不稳定情绪进行正确引导，消除他们思想上的误区，还可以把自己的工作思路与职工进行深入沟通、探讨，以赢得理解与配合，不断提高职工对安全员工作的支持率。

4）多请示汇报。安全员作为安全工作的责任人，所负责的仅是全局安全工作的一部分。要通过经常性的请示汇报，下情上传，使领导和管理部门准确把握生产一线的安全工作情况，为领导决策提供第一手信息，求得领导对基层安全工作的支持；上情下达，将领导的决策和工作意图及时传达到职工之中，不断提高工作的及时性、实效性、针对性和执行力。

5）多开展活动。安全员要不断创新安全管理的方式方法，如果工作总是按部就班，缺少创新，就容易使职工产生麻痹和疲劳心理。可通过开展案例分析、知识竞赛、故事演讲、岗位工作互检、现场参观、技术比武、难题攻关、预案演练等多种方式，增强工作的新颖性、趣味性和灵活性，不断提高大家做好安全工作的热情。

（2）工作中坚持"多动"：

1）多动脑。头脑空空是做不好工作的。安全员要胜任本职工作，做出成绩，就要注意发现工作中出现的问题，多动脑勤思考，不断积累和总结工作经验，努力改进管理方法。

2）多动手。安全员不仅要当好指挥员，更要当好战斗员。工作中要勤于动手，和职工一道开展设备维护、技术革新、隐患整改、岗位练兵和技术比武等活动，共同提高实践技能。

3）多动口。安全员要当好宣传员，利用不同形式及时向职工传达上级对安全生产工作的重要部署和具体要求，宣传企业的规章制度。安全员还要当好辅导员，利用班前会对安全操作规程、技术要领和应急预案进行讲解；利用班后会对当班职工的安全工作情况进行总结，肯定成绩，指出问题，鼓励先进，鞭策落后，推动职工共同进步。

4）多动眼。安全员要勤于观察，及时发现职工的不稳定情绪，做好思想工作，消除安全隐患。安全员还要及时发现职工在生产过程中的不安全行为，随时加以纠正；及时发现设备运行中的隐患，及时加以排除。

5）多动腿。班组安全员不能当"脱产干部"，坐在办公室内遥控指挥抓安全，而要多走动，深入作业现场、操作岗位和班组职工当中，勤检查，勤沟通，多指导，多帮助，和职工打成一片。

6）多动笔。安全员要养成勤记工作笔记的习惯，把上级安排的工作和自己想到的事情随时记录下来，以避免工作中的遗漏和差错。安全员还可以把工作和学习中的点滴体会记录下来，利用业余时间思考问题，为今后的工作提供借鉴。

2. 安全员工作中的"会"和"明"

（1）工作中坚持"四会"：

1）会学。这是当好安全员的首要因素。在安全生产方面，安全员对上是智囊，对下是权威，失去了技术指导的安全员，其权威性就会大打折扣。生产中除了违章行为有明显的表现外，许多事故隐患并不明显，要发现各种设备存在的事故隐患，就必须具有扎实的专业功底。因此，必须有针对性地学习专业知识和管理方法。首先，要明确学习重点，知道自己缺什么。其次，明确学什么，应针对安全员承担的安全管理、监督、服务、指导等职责，学习企业管理知识，学习新技术、新工艺，为安全生产打牢基础。再次，明确怎样学，要在自身学习的基础上，指导、帮助职工学好安全知识。

2）会查。生产作业中，及时发现人的不安全行为和物的不安全状态，是安全员的一项重要工作内容。首先，要具有敏锐的观察能力，善于抓苗头，查明安全规章、技术措施是否落实，做好事前控制，同时要留心职工的思想动态，戒除麻痹思想。其次，能够发现安全管理中存在的问题，进行有针对性的改进，或者向领导提出合理化建议，进行相应的调整

3）会说。首先，对违章现象要会说，即对存在的问题、违章行为要说到点子上，说出危害性，让违章的职工真正有所醒悟。教育、批评时要掌握火候，不要只讲大道理，对不同的人要采取不同的方式，因人而异，因事而异。如对重点监控的人要经常提醒，重点防范；对一般人要注意观察，多加提醒，特别是上岗前的提醒，往往比当场训斥好得多。其次，对管理中的问题要会说，即当好参谋，对安全管理各个环节中存在的问题，能提出切实可行的整改意见和建议。

4）会抓。安全员要对整个安全过程进行监督，包括安全制度的建立、各种安全规章的执行。首先，要抓规章制度的建立，创新安全管理的理念和模式，大胆探索安全管理的方式和方法。其次，要抓规章制度的落实，对新职工重点帮助树立安全意识，帮助老职工建立习惯性的安全思维，着重纠正习惯性违章，培养职工遵章守纪的习惯。

再次，要抓职工的培训教育，通过收看安全警示片，开展安全知识问答等活动，确保学习效果落到实处；同时，定期组织职工对安全生产提出合理化建议，调动职工的积极性和能动性，群策群力搞好安全生产。

（2）工作中坚持"四明"：

1）思想上要明"理"。安全工作是人命关天的大事。作业岗位是安全生产事故的多发地带，操作工人往往是事故的行为人或伤害对象。因此，保安全就是保生命、保健康、保利益。安全员要对安全工作的重要性有清醒的认识，要以为职工谋利益的态度做好本职工作。

2）工作上要明"责"。安全责任重如泰山，安全工作人人有责。只有职工齐心协力，个个遵章守纪，人人尽职尽责，才能实现岗位安全。因此，安全员除了履行好自己的职责，还要让岗位工人都能明确岗位责任，个个成为安全人。

3）行为上要明"策"。岗位安全靠规范管理，须讲究方式方法，注重发挥人的主观能动性。安全员要以实际行动发挥自己的感召力，带动岗位工人搞好安全工作。

4）管理上要明"情"。安全员在安全管理中要注重人性化，不仅要用规章制度教育人，同时还要以情感人，关心职工的思想和生活。同时，还要有激励机制，通过检查考核、评比表彰等形式，激发员工做好安全工作。

3. 安全员工作中的"不"

安全员作为生产现场安全管理的第一"执行官"，其工作优劣决定了企业安全规章制度、安全措施的落实，决定着职工的生命安全，关系着企业效益，因此安全员要敢于打破情面，坚持做到四"不"。

（1）工作中坚持"三不当"：

1）不当"睁眼瞎"。安全员在工作中要理直气壮地管安全，不怕得罪人。如果不敢讲、不敢管，怕得罪人，做"睁眼瞎"，对隐患视而不见，那就是不称职的安全员。这样的安全员形同虚设。

2）不当"老好人"。为做到安全无事故，安全员在检查安全时要从严从细入手，深挖细查，不留死角。要避免走马观花，本着"宁可信其有，不可信其无"的原则，对可查可不查的坚决要查，对查出的安全隐患与事故苗头要做到跟踪整改，对严重的违章事件一追到底，决不姑息，勇于当"恶人"。

3）不当"乌龟腿"。安全员要经常到生产现场去"挑刺儿"，发生紧急情况时应及时赶赴现场处理，所以要练就两条"兔子腿"，而不当"乌龟腿"，慢慢吞吞。安全员还要做到"小题大做"，要把安全上的"小事"当"大事"来抓，做到急事急办。

（2）工作中坚持"三不"：

1）不甘平庸、勇于创新。随着企业生产条件、工艺技术和职工队伍的不断变化，对安全工作的要求也在不断变化。所以安全员必须在学习实践中不断转变思想观念，改变原有的思维定式，以新的视角看待过去的老经验、老方法，以新思想、新理念、新举措去做安全工作。

2）不尚空谈、埋头苦干。安全工作是一项具体工作，没有真抓实干的认真精神，再好的设想也只能是空想。埋头苦干就是要以身作则，认真做好分内的每一件事情，执行好操作规程规定的每一个步骤，在对待规章制度上不越雷池半步，在遵守劳动纪律上不钻一点空子，要求别人不做的，自己坚决不做，以模范遵守各项规定和踏实做好每一项工作的实际行动为职工树立榜样。

3）不畏艰难、百折不挠。安全工作长期性、艰巨性、复杂性的特点，决定了抓安全不是一朝一夕的事，必须牢固树立长期作战的思想，必须有坚忍不拔的毅力，面对问题处变不惊、从容应对，努力克服厌倦情绪和疲劳心理，树立打持久仗的思想，持之以恒地做实做好各项安全工作。

**三、安全员工作实践介绍**

作为一名安全员，要学的东西很多，要做的工作很多，但最重要的是要有责任心、耐心，甚至有时候要狠心。

第一，作为一名安全员要树立责任意识，必须有对企业、对员工高度的责任心，认识到安全工作质量直接关系到员工家庭的幸福。要注意排查现场存在的每一个隐患，发现之后及时要求整改。每天要做好安全日志，记录自己所做过的工作。

第二，安全员还要认识到自己工作的难度，安全生产工作是非常复杂的系统工程，是长期而艰巨的工作。安全员要在不影响施工进度的情况下，保证现场人员的生命安全，避免财产损失。因此，安全员要熟悉作业场所，哪里有员工作业就要走到哪里，时刻监督提醒，让每一名现场人员知道安全员的存在，知道安全作业的重要性，知道违章作业的危险性。要和员工多沟通，不让他们有抵触心理。

第三，安全工作必须要有目标。安全员每个月都要有工作计划，每天巡查、整改都要有记录，对于已经检查整改过的隐患，要采取措施不允许再次出现；对于发生过的事故，要书面总结，并且对员工进行教育，避免事故再次发生。同时要做好每个月的班前活动计划，新职工入场培训计划等。

第四，规章制度的执行要严而有度，奖罚要分明。安全规章制度是安全法律法规和安全技术标准的细化，是保证安全的基本准则，是日常安全管理的有力武器，如果执行不严或者不执行，安全管理就是一句空话。这就是所谓的"狠心"，不能有懈怠，否则违章的员工就会有侥幸心理，同样的违章现象会多次出现，最终导致事故的发生。

然而执行还有一个"度"的问题，这就体现出安全员的智慧。不同的员工有不同的管理方法，不能一概而论，同时奖罚要分明。奖和罚都是一种手段，目的是通过激励和处罚来提高员工的生产安全意识，达到安全管理的目标——杜绝生产安全事故。奖是对那些积极参与安全工作，安全意识有进步的员工，哪怕是很小的进步，都给予奖励鼓励；罚是对那些屡教不改、故意违章的员工，罚就要罚到有切肤之痛，才能达到"惩前毖后，治病救人"的目的。

第五，安全员必须要有过硬的知识底蕴。作业现场容易出现隐患要学以致用，要把自己所学与现场作业结合起来，用理论指导实际工作，系统地管理现场，排除隐患，减少事故的发生。

第六，作为一名安全员，要随时注意作业现场的安全问题，找出主要危险源之所在，通过分析找出人的不安全行为和物的不安全状态之根源，提出对策。对于不能解决的应当报告领导和上级部门，对于危及人身安全的，应当立即排除或撤出作业人员，要确保不发生生产安全事故，特别是人身伤亡事故，做好安全生产的第一道防线。

第七，作为一个安全员，要摆正位置。安全员要做到安全监督、协调、指导、帮助和服务。摆脱因"管"而管的束缚，不要随意把"管"字上的责任丢掉，摇身一变，成了"官"。员工工作很辛苦，要了解他们所想，及时报告、解决现场的隐患。

要想成为一个合格的安全员，除具备以上素质外，最重要的就是要有强烈的责任心和对这份工作的热忱。

安全管理是一项系统工程，包含着丰富的内涵和深邃的哲理。安全员只有不断加深自身的理论素养，学会用科学、辨证的眼光看问题，才能认清和把握安全工作的本质规律，在各种错综复杂的情况与是非面前，保持清醒的头脑和坚定的信念，从而做一名合格的安全管理者。

# 第二章 安全操作基础知识

## 第一节　安全操作知识和事故防范措施

### 一、机械设备安全操作和事故防范

机械设备从问世那天起就直接造福于人类。同时，由于各种机械设备开动后都具有能量，也潜在发生意外机械事故的可能。机械设备安全操作就是为了保证机械设备运动部分的安全运行，避免发生伤亡事故。如果设备有缺陷，或防护装置失效，或操作不当，随时可能造成人身伤亡事故。

1. 机床

机床是利用切削方法将毛坯加工成机器零件的设备。在操作机床过程中，操作者与机床形成了一个运动体系。当这一体系的某一方面超出正常范围，就会发生意想不到的冲突而造成事故。

（1）机床常见的伤害事故：

1）轧伤挤伤事故。操作者的局部（如手、头发或衣服等）卷入或夹入机床的旋转部件或运动部件中，造成轧伤、挤伤，或出现断指、头皮被拉脱等伤害。发生这类伤害事故，多是因为在机床旋转部分的凸出部位没有设置防护装置，或操作者违章操作。

2）操作者与机床相碰撞引起的伤害事故。当使用规格不合适或已磨损的扳手去拧螺母，并且用力过猛或扳手打滑时，人体就会因失去平衡而撞在机床上；由于操作者所占据的位置不当，如站在平面磨床或牛头刨床运动部件的运动范围内，就可能被平面磨床工作台或牛头刨床滑枕撞伤。

3）划伤、烫伤事故。操作者被飞溅的砂轮细磨料或崩碎的切屑划伤或烫伤，伤害部位主要是裸露的面部、手、颈部及眼睛等。

4）滑倒或跌倒而造成的伤害事故。这类伤害事故主要是由于工作现场环境不良，如照明不足，地面或脚踏板不平整或被油污污染，机床布置不合理，通道狭窄，零部件、物料堆放凌乱不堪，而造成操作人员跌倒或滑倒。

（2）机床安全操作要点。加工机床包括车床、钻床、铣床、刨床、磨床等，虽然它们的操作方法和功能不同，但在安全操作方面具有共同的特征，即运动件、切削刀具、被加工件等在与人接触处防护不当均可造成伤害事故。机床安全操作的要点是：

1）机床的操作、调整和检修，应由经过技术培训的人员进行。操作者要严格遵守安全操作规程。

2）在安装、更换刀具或工件时，应先停车。刀具要符合加工条件，工件和刀具的装夹要牢靠。

3）定期对机床进行保养和检修。操作者在操作过程中发现机床运行中存在的不安全状态，要及时采取措施加以消除，避免机床带"病"运行。

4）做好个人防护。操作者应按规定穿好工作服，上衣的袖口和下摆要扎紧；为防飞屑、油滴等杂物进入眼睛，要戴防护眼镜。在钻床、车床、铣床上作业时，严禁戴手套。

2. 冲床

冲压机械加工工序简单、速度快、生产效率高，其操作特点属于直线往复运动。冲压加工事故的特点往往是造成切断手指等伤害。

（1）冲压事故的原因：

1）心理疲劳导致操作失误。冲压设备的特点是运行速度快，每分钟几次到数百次。在一些机械化、自动化程度还不高的情况下，多数冲压作业还采用手工操作，如脚踏开关、手工上下料。由于操作简单、频繁、连续重复作业，易引起操作者心理疲劳，并发生误动作，如放料不准、模具移位等，从而造成冲断手指等伤害事故。

2）生理疲劳导致动作失调。由于冲压加工生产效率高，手工上下料体力消耗较大，容易造成操作者生理疲劳，致使动作失调而发生事故。

3）配合不默契。有些大型的冲压设备需要多人操作，配合不默契也易发生事故。

（2）冲床安全操作要点：

1）冲压作业中，特别是在供料、下料的手工操作中，操作者要精力集中，与设备协调配合，防止由于操作失误而造成伤害事故。

2）多人同时操作时，相互之间要默契配合，动作要协同一致，在全部操作者的肢体均完全退出危险区后，方可启动设备。

3）做好个人防护工作。操作者应将工作服整理就绪（上衣塞入裤内，袖口扎紧，头发拢入帽内），方可上岗。

3. 木工机械

由于木工机械比一般金属切削机床具有更高的切削速度和更锋利

的刃口，因而木工机械设备属于危险性较大的机械设备，较一般金属切削机械更易引起伤害事故。

（1）木工机械事故的种类。木工机械操作中，由于其加工的木材燃点低，易发生火灾；加工木材时产生的木屑、粉尘及机械性噪声等，对人体健康均有损害；此外，高速旋转的锯片和加工木材的反弹力容易造成人身伤害事故。如操作者用手送料时，进入刀具与木材的接触处而产生的断指事故；被刀具打飞的木材、飞出的木屑、料头造成击伤人体事故等。

（2）木工机械安全操作要点：

1）尽量减少人手与刀具、木料的接触，如不要用手或木料去制动旋转的设备，以免因不慎使手接触转动的刀具造成事故。

2）手工送料时，注意检查木料上是否有节疤、弯曲或其他缺陷，避免推送木料时，意外地发生手与刃口接触。

3）装拆和更换刀具时，动作要准确，避免误触电源按钮而使刀具旋转，造成伤害。

**二、起重吊运安全操作和事故防范**

起重吊运以间歇、重复的工作方式，通过起重吊钩和其他吊具起升、下降及运移重物。

1. 起重吊运作业的危险性

（1）操作过程复杂。起重机械通常都有庞大的外形和复杂的机构，零部件也较多，如吊钩、钢丝绳等，且经常与作业人员直接接触，起重机司机要准确操纵，相对来说难度较大。

（2）吊运物料复杂。起重吊运的物料多种多样，有散粒的、成件的、液态的、金属或非金属的，有低温的也有高温的，以及易燃、易爆、剧毒等危险物品。

（3）作业环境复杂。起重吊运作业由司机、指挥、绑挂人员等多人配合协同作业；作业场所的限制也比较多，像高温、高压、易燃易爆和输电线路等。

2. 起重伤害事故的种类

（1）吊物坠落。有因吊索存在缺陷（如钢丝绳拉断、平衡梁失稳弯曲、滑轮破裂导致钢丝绳脱槽等）造成的坠落；有因捆扎方法不妥（如吊物重心不稳、绳扣结法错误等）造成的坠落。

（2）挤压碰撞。吊装作业人员在起重机和结构物之间作业时，因机体运行、回转挤压导致的事故；由于吊物或吊具在吊运过程中晃动，导致操作者高处坠落或被击伤造成的事故；被吊物件在吊装过程中或摆放时倾倒造成的事故。

（3）触电。绝大多数发生在使用移动式起重机的作业场所，尤其在建筑工地或码头上，起重臂或吊物意外触碰高压架空线路的机会较多，容易发生触电事故。

（4）机体毁坏。由于操作不当（如超载、臂架变幅或旋转过快等）、支腿未找平或地基沉陷等原因使倾翻力矩增大，导致起重机倾翻。

3. 起重吊运安全操作要点

尽管起重机械的种类很多，但它们有着共同的特性，有着最基本、最普遍适用的安全操作要求。

（1）每台起重机的司机，都必须经过专门培训，考核合格后，持证上岗操作。

（2）司机接班时，应检查制动器、吊钩、钢丝绳和安全装置。开车前，必须鸣铃，确认起重机上或周围无人时，才能开始作业。

（3）操作应按指挥信号进行。吊运货物应走指定通道，不得从人头顶通过。听到紧急停车信号，不论是何人发出，都应立即停车。

（4）两台起重机同时进行台吊时，每台都不应超载，并且起吊速度要协调一致。

（5）吊运重物时不准落臂，必须落臂时，应先把重物放在地上。吊臂仰角很大时，不准将被吊的重物骤然落下，防止起重机向一侧翻倒。

（6）重物不得在空中悬停时间过长，且起落、回转动作要平稳，不得突然制动。

（7）有下列情况之一时，司机不应进行操作：

1）超载或物体重量不清时，如吊拔起重量或拉力不清的埋置物体，或斜拉斜吊等。

2）信号不明确，或工作场地昏暗，无法看清场地、被吊物情况和指挥信号时。

3）捆绑、吊挂不牢或不平衡，可能引起滑动时。

4）重物棱角处与捆绑钢丝绳之间未加衬垫，或被吊物上有人或浮置物时。

5）存在影响安全工作的缺陷或损伤，如制动器或安全装置失灵、钢丝绳损伤达到报废标准等。

**三、触电事故防范**

电气事故主要包括触电事故、静电危害、电磁场危害、电气火灾和爆炸等。由于物体带电不像机械危险部位那样容易被人们察觉到，因而更具有危险性。

1. 电流对人体的伤害

（1）电击。电流通过人体内部，使维持生命的重要器官（心脏、肺等）和系统（中枢神经系统）的正常活动受到破坏，甚至导致死亡。电击是全身性伤害，但一般不在人体表面留下大面积明显伤痕。

（2）电伤。电流转变成其他形式的能量造成的人体伤害，包括电能转化成热能造成的电弧烧伤、灼伤；电能转化成化学能或机械能造成的电印记、皮肤金属化及机械损伤、电光眼等。电伤多数是局部性伤害，在人体表面留有明显的伤痕。

（3）电磁场生理伤害。在高频电磁场的作用下，人体出现头晕、乏力、记忆力减退、失眠等神经系统的症状。

2. 常见触电形式

（1）低压单相触电。即在地面或其他接地导体上，人体的某一部位触及一相带电体的触电事故。大部分触电事故都是单相触电事故。

（2）低压两相触电。即人体两处同时触及两相带电体的触电事故。这时由于人体受到的电压可高达 220 V 或 380 V，所以危险性很大。

（3）跨步电压触电。当带电体接地有电流流入地下时，电流在接地点周围土壤中产生电压降，人在接地点周围，两脚之间出现跨步电压，由此引起的触电事故称为跨步电压触电。高压故障接地处或有大电流流过的接地装置附近，都可能出现较高的跨步电压。

（4）高压电击。对于 1 000 V 以上的高压电气设备，当人体过分接近它时，高压电能将空气击穿使电流通过人体。此时还伴有高温电弧，能把人烧伤。

3. 预防触电事故的措施

（1）采用安全电压。安全电压能限制人员触电时通过人体的电流在安全电流范围内，从而在一定程度上保障人身安全。安全电压额定值的等级为 42 V、36 V、24 V、12 V、6 V。当电气设备采用超过 24 V 的电压时，必须有防止人直接接触带电体的保护措施。凡手提照明灯、危险环境的局部照明灯、高度不足 2.5 m 的一般照明灯、危险环境中使用的携带式电动工具，均应采用 36 V 安全电压；凡工作地点狭窄，行动不便，如金属容器内、隧道或矿井内等，所使用的手提照明灯应采用 12 V 安全电压。

（2）保证绝缘性能。电气设备的绝缘，就是用绝缘材料将带电导体封闭起来，使之不被人体触及。作业环境不良如存在潮湿、高温、有导电性粉尘、腐蚀性气体等，可选用加强绝缘或双重绝缘的电动工具、设备和导线。电工作业人员应正确使用绝缘用具，穿戴绝缘防护用品，如绝缘手套、绝缘鞋、绝缘垫等。

（3）采用屏护。对电器不便设置绝缘的活动部分以及高压设备（人员接近，绝缘不能保证安全时），应有相应的屏护，如围墙、遮栏、护网、护罩等。必要时，还应设置声、光报警信号。

（4）保持安全距离。安全距离是带电部位与人体或其他设备之间必须保持的最小空间距离，其大小取决于电压的高低、设备的类型等因素。为了防止人体触及和接近带电体，为了避免其他工具碰撞或过分接近带电体，在带电体与人体之间、带电体与其他设施和设备之间，均应保持安全距离。

（5）合理选用电气设备。在潮湿、多尘，或有腐蚀性气体的环境中，应采用封闭式电气设备；在有易燃易爆危险的环境中，必须采用防爆式电气设备。

（6）装设漏电保护器。在电源中性点直接接地的保护系统中，必须安装漏电保护器，防止由于漏电引起人身触电和设备火灾事故。

（7）保护接地与接零。保护接地就是把电气设备在故障情况下可能出现危险的金属外壳用导线与接地体连接起来，使电气设备与大地紧密连通，在电源为三相三线制中性点不直接接地或单相制的电力系统中，应设保护接地线。保护接零就是把电气设备在正常情况下不带电的金属外壳，用导线与低压电网的零线连接起来，在三相四线制变压器中性点接地的电力系统中，单纯采取保护接地并不能从根本上保证安全，危险性依然存在，还应采用保护接零。

**四、火灾爆炸事故防范**

1. 火灾爆炸事故的原因

（1）管理不善。生产用火（如焊接、锻造等）过程中，火源管理不当，对易燃物品缺乏科学的管理，库房不符合防火标准，没有根据物质的性质分类储存，将性质相互抵触的化学物品或灭火要求不同的物质放在一起，将遇水燃烧的物质放在潮湿地点等。

（2）违反操作规程。生产过程中，使设备超温超压运行，或在易燃易爆场所违章动火、吸烟或违章使用汽油等易燃液体。

（3）绝缘不良。电气设备安装不符合安全要求，出现短路、超负荷、接触电阻过大等事故隐患；易燃易爆生产场所的设备、管线没有采取消除静电措施，发生放电火花。

（4）工艺布置不合理。易燃易爆场所未采取相应的防火防爆措施，如应采用密闭式或防爆式的电气设备，没有按要求选用；设备缺乏维护、检修，或检修质量低劣。

（5）通风不良。生产场所的可燃蒸气、气体或粉尘在空气中达到爆炸浓度并遇火源；工作环境零乱，如棉纱、油布、沾油铁屑等放置不当，在一定条件下自燃起火。

2. 预防火灾爆炸事故的基本措施

预防火灾爆炸事故，必须坚持"预防为主，防消结合"的方针，严格控制和管理各种危险物及点火源。具体来说，就是消除导致火灾爆炸的物质条件和消除、控制点火源。

（1）消除导致火灾爆炸灾害的物质条件：

1）尽量不使用或少使用可燃物。通过改进生产工艺和技术，以难燃物或者阻燃物代替可燃物或者易燃物，以燃爆危险性小的物质代替危险性大的物质，这是防火防爆的基本原则。

2）生产设备及系统尽量密闭化。已密闭的正压设备或系统要防止泄漏，负压设备及系统要防止空气渗入。

3）采取通风措施。对于因生产系统或设备无法密闭或者无法完全密闭，可能存在可燃气体、蒸气、粉尘的生产场所，要设置通风装置以降低空气中可燃物浓度。

4）合理布置生产工艺。根据原材料火灾危险性质，安排、选用符合安全要求的设备和工艺流程。性质不同但能相互作用的物品应分开存放。

（2）消除或控制点火源：

1）防止撞击、摩擦产生火花。在爆炸危险场所严禁穿带钉鞋进入；严禁使用能产生冲击火花的工、器具，而应使用防爆工、器具或者铜制和木制的工、器具；机械设备中凡会发生撞击、摩擦的两部分都应采用不同的金属。

2）防止高温物体表面着火，对一些自燃点较低的物质，尤其需要注意。为此，高温物体表面应当有保温或隔热措施；禁止在高温表面烘烤衣物；注意清除高温物体表面的油污，以防其受热分解、自燃。

3）消除静电。在爆炸场所，所有可能发生静电的设备、管道、装置、系统都应当接地；增加工作场所空气的湿度；使用静电中和器等。

4）防止明火。生产过程中的明火主要是指加热用火、维修用火等。加热可燃物时，应避免采用明火，宜使用水蒸气、热水等间接加热。如果必须使用明火加热，加热设备应当严格密闭。在生产场所因烟头、火柴引起的火灾也时有发生，应引起警惕。

3. 灭火的基本方法

灭火的原理，是破坏燃烧过程中维持物质燃烧的条件，只要失去其中任何一个条件，燃烧就会停止。但由于在灭火时，燃烧已经开始，控制火源在多数情况下已经没有意义，主要是消除另外两个条件，即可燃物和氧化剂。通常采用以下四种方法：

（1）窒息灭火法。此法即阻止空气流入燃烧区，或用惰性气体稀释空气，使燃烧物质因得不到足够的氧气而熄灭。在火场上运用窒息法灭火时，可采用石棉布、浸湿的棉被、帆布、沙土等不燃或难燃材料覆盖燃烧物或封闭孔洞；将水蒸气、惰性气体通入燃烧区域内；在万不得已而条件又许可的情况下，也可采取用水淹没的方法灭火。

窒息灭火法适用于扑救燃烧部位空间较小，容易堵塞或封闭的房间、生产及储运设备内发生的火灾。灭火后，要严防因过早打开封闭的房间或设备，新鲜空气流入，导致"死灰复燃"。

（2）冷却灭火法。将水、泡沫、二氧化碳等灭火剂直接喷洒在燃烧着的物体上，将可燃物的温度降到燃点以下来终止燃烧。也可用灭火剂喷洒在火场附近未燃的可燃物上起冷却作用，防止其受辐射热影响而升温起火。

（3）隔离灭火法。将燃烧物质与附近未燃的可燃物质隔离或疏散开，使燃烧因缺少可燃物质而停止。这种方法适用于扑救各种固体、液体和气体火灾。隔离灭火法常用的具体措施有：将可燃、易燃、易爆物质和氧化剂从燃烧区移至安全地点；关闭阀门，阻止可燃气体、液体流入燃烧区；用泡沫覆盖已着火的可燃液体表面，把燃烧区与可燃液体表面隔开，阻止可燃蒸气进入燃烧区。

（4）化学抑制灭火法。将化学灭火剂喷向火焰，让灭火剂参与燃烧反应，从而抑制燃烧过程，使火迅速熄灭。使用灭火剂时，一定要将灭火剂准确地喷洒在燃烧区内，否则灭火效果不好。

在灭火中，应根据可燃物的性质、燃烧特点、火灾大小、火场的具体条件以及消防技术装备的性能等实际情况，选择一种或几种灭火办法。如对电气火灾，宜用窒息法，而不能用水浇的方法；对油火，宜用化学灭火剂。无论采用哪种灭火方法，都要重视初期灭火，力求在火灾初起时迅速将火扑灭。

### 五、企业内机动车辆的安全驾驶

企业内机动车辆，是指专用于企业内部物资材料运送的机动车辆，不同于公路上使用的车辆。在一些企业中，由于内部交通运输安全管理工作不规范，运输作业环境不良（如生产用的原料、材料、半成品以及边角废料等物放置不当），加之车辆技术装备不完善，驾驶人员素质低，导致企业内车辆伤害事故时有发生。

1. 企业内机动车辆常见事故类型

（1）车辆伤害。包括撞车、翻车、挤压和轧辗等。

（2）物体打击。搬运、装卸和堆垛时物体的打击。

（3）高处坠落。人员或人员连同物品从车上掉下来。

（4）火灾、爆炸。由于人为的原因发生火灾并引起油箱等可燃物急剧燃烧爆炸，或装载易燃易爆物品，因运输不当发生火灾爆炸。

2. 企业内机动车辆事故的原因

企业内机动车辆伤害事故的原因较为复杂，与车辆的技术状况、道路条件、作业环境、管理水平，以及驾驶员的操作技能、应变能力、情绪好坏等一系列因素有关。

（1）违章驾驶：

1）无证驾车。企业内机动车辆驾驶员属于特种作业人员，需经过专业技术培训，考核合格，获得证书后方可独立驾驶。而非机动车辆驾驶人员不具备驾驶能力，也不了解车辆力学性能，更不掌握安全操作方法。

2）人货混载。车辆在急转弯或制动时，由于惯性和离心力的作用，使车上的人和货物相互碰撞、挤压，或把人和货物甩出车外，造成人身伤害事故。

3）违章装载。由于运输任务重，运距短，企业内车辆超载（超重、超高、超宽、超长）现象特别严。由于超重使车辆轮胎负荷过大、变形严重，容易发生爆胎事故，也使车辆的制动性能降低，增加了事故发生的可能性。

（2）超速行驶。企业内机动车辆事故有 50％以上与车速过快有关。车速过快可破坏汽车的操纵性和稳定性，扩大了制动的不安全区域，导致事故发生。

（3）车况不良。企业内车辆多用于短距离生产运输，且特种车辆较多，加之技术维修力量不足，所以由于车况不良引发的事故占较大的比例。主要问题是防护装置、保险装置缺乏或存在缺陷，车辆及附件存在缺陷等。由于维修不及时，使得车辆带"病"行驶，埋下事故隐患。

（4）驾驶技术不熟练。有的驾驶员不熟悉车辆性能，不了解企业内道路行车特点，不能正确判断路面复杂情况，致使出现险情时惊慌失措。

3. 车辆安全驾驶要点

（1）行车前应观察车辆四周情况，确认安全无误后再起步。

（2）行车时，应关好车门、车厢，不准驾驶安全设备不全、机件失灵或违章装载的车辆。

（3）驾驶车辆时要精神集中，不准边驾驶车辆边吸烟、饮食、攀谈或做其他妨碍行车安全的活动，严禁酒后驾驶车辆。

（4）在厂内、车间、库房及露天施工工地行驶时，应按规定线路行使。要密切注意周围环境和人员动向，低速慢行，随时做好停车准备。

（5）严禁超重、超长、超宽、超高装运物品。装载物品要捆绑稳固牢靠。载货汽车不准搭乘无关人员。

（6）停车要选择适当地点，不准乱停乱放。停车后应将钥匙取下。

（7）严格遵守各种安全标志，试车时应做好安全监护，悬挂试车牌照，不得在非指定路段试车。

# 第二节 职业危害与职业病预防

### 一、职业危害因素与职业病

1. 职业危害因素

职业危害因素就是生产劳动过程中，存在于作业环境中的、危害劳动者健康的因素。按其来源可分为三类：

（1）生产过程中产生的有害因素。包括原料、半成品、产品、机械设备等产生的工业毒物、粉尘、噪声、振动、高温、辐射及污染性因素等。

（2）劳动组织中的有害因素。包括作业时间过长、作业强度过大、劳动制度不合理、长时间处于不良体位、个别器官或系统过度紧张、使用不合理的工具等。

（3）与卫生条件和卫生技术设施不良有关的有害因素。包括生产场所设计不符合卫生标准和要求，如露天作业的不良气候条件、厂房狭小、作业场所布局不合理、照明不良等；缺乏有效的卫生技术设施或设施不完备，以及个体防护存在缺陷等。

2. 职业病

从广义上讲，职业病是指作业者在从事生产活动中，因接触职业性危害因素而引起的疾病。但从法律意义上讲，职业病是有一定范围的，仅指由政府部门或立法机构所规定的法定职业病。2013 年卫生部颁布的职业病目录规定的法定职业病为十大类 132 种。其中，职业性尘肺病及其他呼吸系统疾病 19 种、职业性放射性疾病 11 种、职业中毒 60 种、物理因素所致职业病 7 种、职业性皮肤病 9 种、职业性眼病 3 种、职业性传染病 5 种、职业性耳聋喉口腔疾病 4 种、职业性肿瘤 11 种、其他职业病 3 种。

**二、职业中毒及其预防**

1. 生产性毒物进入人体的途径

生产性毒物主要是经呼吸道和皮肤进入人体。

呼吸道由鼻咽部、气管支气管和肺部组成，气体（如氯、氨、一氧化碳、甲烷等）、蒸气（如苯蒸气等）和气溶胶（如农药雾滴、电焊烟尘等）形态的毒物可经呼吸道进入人体。呼吸道是毒物进入人体最常见最重要的途径。

皮肤是人体的最大器官，包括毛发、指（趾）甲等。毒物可以通过不同方式经皮肤吸收，引起局部的损害或全身性中毒症状。

2. 职业中毒的类型

职业病按其发病的快慢一般分为急性职业中毒和慢性职业中毒两种类型。

急性职业中毒指人体在短时间内受到较高浓度的生产性有害因素的作用，而迅速发生的疾病。具有起病急、变化快、病情重等特点。急性职业中毒以化学物质中毒最为常见，主要由于违反操作规程或意外事故所引起。

慢性职业中毒是作业人员在生产环境中，长期受到一定浓度（超过国家规定的最高允许浓度标准）的生产性有害因素的作用，经过数月、数年或更长时间缓慢发病。相对于急性职业中毒而言，慢性职业中毒具有潜伏期长、病变进展缓慢、早期临床症状较轻等特点。

3. 常见的职业中毒

（1）铅作业及铅中毒。铅冶炼对人体产生的危害最大，熔铅、铸铅及修理蓄电池都可接触铅。由于铅化合物多具有特殊颜色，常用于油漆工业；在砂磨、刮铲、焊接、熔割时可产生铅烟、铅尘。此外，陶瓷、玻璃、塑料等工业生产中也会接触铅烟、铅尘。铅中毒可引起肝、脑、肾等器官发生病变。因接触的剂量不同，可出现急性中毒或慢性中毒症状。

（2）苯作业及苯中毒。生产中接触苯的作业主要有：喷漆、印刷、制鞋、橡胶加工、香料等。苯及其化合物是以粉尘、蒸气的形态存在于空气中，可经呼吸道和皮肤吸收。特别是夏季，皮肤出汗、充血，更能促进毒物的吸收。急性苯中毒主要损害中枢神经系统，一些中毒者还可发生化学性肺炎、肺水肿及肝肾损害，慢性苯中毒主要损害造血系统及中枢神经系统。

（3）窒息性气体中毒。窒息性气体的主要致病原因是机体缺氧，急性缺氧可引起头痛、情绪改变，严重的可导致脑细胞坏死及脑水肿。常见的窒息性气体中毒有：

1）一氧化碳中毒。发生在煤、油料燃烧不充分时以及煤气制造、金属冶炼等作业场所。轻度中毒者出现剧烈头痛、头晕、心悸、恶心呕吐、乏力等症状。重度中毒者表现为无意识、昏迷，甚至呼吸衰竭，伴有脑水肿、严重心肌损害。

2）硫化氢中毒。多发生在石油开采和炼制、化纤及造纸生产中，在清理粪池、下水道、垃圾时，也可发生硫化氢中毒。轻度中毒症状为眼及上呼吸道刺激症状。接触高浓度的硫化氢可立即昏迷、死亡，称为"闪电型"死亡。

3）二氧化碳中毒。多发生于汽水、啤酒制造作业中，不通风的发酵池、地窖、粮仓等处会产生大量二氧化碳。常为急性中毒，几秒钟内即迅速昏迷，若不能及时救出可致死亡。

4. 职业中毒的预防

职业中毒是一种人为的疾病，采取合理有效的措施，可使接触毒物的作业人员避免中毒。

首先，根除毒物或降低毒物浓度，如用无毒或低毒物质代替有毒或剧毒物质。但不是所有毒物都能找到无毒、低毒的代替物。因此，在生产过程中控制毒物浓度的措施很重要，如采取密闭生产和局部通风排毒的方法，减少接触毒物的机会；合理布局工序，将有害物质发生源布置在下风侧。

其次，做好个体防护，这是重要的辅助措施。个体防护用品包括防护帽、防护眼镜、防护面罩、防护服、呼吸防护器、皮肤防护用品等。毒物进入人体的门户，除呼吸道、皮肤外，还有口腔。因此，作业人员不要在作业现场内吃东西、吸烟，班后洗澡，不要将工作服穿回家。

**三、粉尘的危害及尘肺的预防**

1. 生产性粉尘的来源

生产性粉尘是指在生产中形成的，并能长时间飘浮在作业场所空气中的固体颗粒。生产性粉尘的来源非常之广。矿山开采、爆破，冶金工业中金属或矿石的切削、研磨，机械制造工业中的原料破碎、清砂，玻璃、水泥、陶瓷等工业的原料加工等。这些工艺操作中主要产生无机性粉尘，包括矿物性粉尘（如石英、滑石、煤等）、金属性粉尘（如铅、锰、铁等）和人工无机性粉尘（如水泥、玻璃纤维等）。在皮毛、纺织、化学等工业的原料处理过程中，会产生有机粉尘，包括动物性粉尘（如皮毛、骨粉等）、植物性粉尘（如棉、麻、面粉、木材等）和人工有机性粉尘（如炸药、人造纤维等）。

在生产环境中，单一粉尘存在的情况较少，大多数情况下两种以上粉尘混合存在。

2. 粉尘引起的职业病

生产性粉尘根据其理化特性和作用特点不同，可引起不同的疾病。

（1）呼吸系统疾病。长期吸入不同种类的粉尘可导致不同类型的尘肺病或其他肺部疾患。我国按病因将尘肺分为 12 种，并列入职业病名单目录，包括：矽肺、煤工尘肺、石墨肺、炭黑尘肺、石棉肺、滑石尘肺、水泥尘肺、云母尘肺、陶工尘肺、铝尘肺、电焊工尘肺、铸工尘肺。

（2）中毒。吸入铅、锰、砷等粉尘，可导致全身性中毒。

（3）呼吸系统肿瘤。石棉、放射性矿物、镍、铬等粉尘均可导致肺部肿瘤。

（4）局部刺激性疾病。如金属磨料可引起角膜损伤、浑浊，沥青粉尘可引起光感性皮炎等。

3. 预防尘肺病的措施

消除或降低粉尘是预防尘肺病最根本的措施。通过革新生产设备、实现自动化作业，避免操作人员接触粉尘；采用湿式作业，可在很大程度上防止粉尘飞扬，降低作业场所粉尘浓度；对不能采用湿式作业的场所，应采用密闭抽风除尘方法。

作业中接触粉尘的人员，在作业现场防尘、降尘措施难以使粉尘浓度降至符合作业场所卫生标准的条件下，一定要戴防尘护具。防尘效果较好的有防尘安全帽、送风口罩等，适用于粉尘浓度高的环境；

在粉尘浓度较低的环境中，佩戴防尘口罩有一定的预防作用。

**四、防止噪声与振动对人体健康的危害**

1. 噪声与振动对人体的危害

（1）噪声。生产过程中，由于机器转动、气体排放、工件撞击与摩擦所产生的声音，其频率和强度没有规律，听起来使人感到厌烦，称为生产性噪声或工业噪声。使用各种风动机械的操作人员、纺织工、拖拉机手等都是在强烈噪声的环境中作业。

噪声对人体的影响是多方面的。首先是对听觉器官的损害，长时间接触一定强度的噪声，会引起听力下降和噪声性耳聋；此外对神经系统、心血管系统及全身其他器官也有不同程度的影响，可出现头痛、头晕、睡眠障碍等病症，长期接触较强的噪声可引起血压持续升高，还可出现胃肠功能紊乱，胃蠕动减慢等变化。

从安全方面来看，在噪声的干扰下，人们会感到烦躁，注意力不集中，反应迟钝，不仅影响工作效率，而且降低了对事故隐患的判断处理能力。在车间或矿井等作业场所，由于噪声的影响，掩盖了异常信号或声音，容易发生伤亡事故。

（2）振动。生产过程中，生产设备、工具产生的振动称为生产性振动。产生振动的机械设备主要有锻造机、冲压机、压缩机、振动筛、打夯机、振动送风带等。而在生产中，作业人员接触较多、危害较大的振动是振动性工具产生的振动，长时间使用这些工具会造成手臂振动，目前国家已将局部振动病列为法定职业病。

造成手臂振动的生产作业主要有：锤打作业，如打桩工、捣固工、铆钉工等；手持转动工具作业，如风钻、电锯、电钻、喷砂机等；驾驶运输与农业机械，如收割机、脱粒机、拖拉机等。

长期受外界振动的影响可引起振动病。按振动对人体作用方式不同，分为全身振动和局部振动。强烈的全身振动，可使交感神经处于紧张状态，出现血压升高、心率加快、胃肠不适等症状。全身振动引起的这些功能性改变，在脱离振动环境和休息后，症状多能自行消除。局部振动病或称手臂振动病，是由于长期接触过量的局部振动，引起手部末梢循环或手臂神经功能障碍。该病的典型表现是手指发白（白指症），并伴有麻、胀、痛的感觉，手心多汗。

2. 防止噪声与振动的措施

为防止噪声、振动对身体的危害，应从以下三个方面入手：

首先，消除或降低噪声、振动源。采用无声或低声设备代替发出强噪声的设备，如以焊接代替铆接、锤击成型改为液压成型等；机械设备应装在橡皮、软木上，避免与地板直接接触；工具的金属部件改用塑料或橡胶，以减弱因撞击而产生的噪声和振动。

其次，控制噪声、振动的传播，如吸声、隔声、隔振、阻尼。

最后，做好个人防护。如果作业场所的噪声、振动暂时不能得到有效控制，则加强个人防护是避免遭受危害的有效措施。如在高噪声环境中作业时，佩戴耳塞就是最便捷的防护方法，必要时应佩戴耳罩、帽盔；为防止振动病，作业场所要注意防寒保暖，振动性工具的手柄温度如能保持在40℃，对预防振动性白指有较好的效果；合理使用个人防护用品，特别是防振手套、减振座椅等。

**五、对电磁辐射的防护**

1. 非电离辐射

非电离辐射是指紫外线、红外线、激光和射频辐射。

（1）射频辐射对健康的影响。接触射频辐射的作业有：金属的热处理、表面淬火、金属熔炼等，无屏蔽的高频输出变压器是一个主要辐射源；食品、皮革、茶叶等用微波加热炉进行热处理，操作人员有可能接触微波辐射。

生产过程中，通常为低强度慢性辐射，对神经系统、眼及心血管系统有一定的影响，可引起中枢神经和植物神经功能紊乱；长期接触高强度微波的工人，可加速眼晶状体老化过程，引起视网膜病变；对心血管系统的影响主要是造成心动过缓、血压下降等。

（2）红外线辐射对健康的影响。自然界的红外线辐射源以太阳为最强，基建工地、搬运等露天作业，夏季红外线辐射强度很大；生产中接触红外线辐射源的作业有金属加热、熔融玻璃等，炼钢工、轧钢工、铸造工、玻璃熔吹工、烧瓷工等可受到红外线辐射。

红外线对人体的影响主要是眼睛和皮肤。长期受炉火或加热红外线辐射，可引起白内障。白内障造成视力下降，一般两眼同时发生。职业性白内障已列入职业病名单，如玻璃工的白内障，多发生在工龄较长的工人中。皮肤受红外线长期照射，局部可出现色素沉着。

（3）激光对健康的影响。激光也是电磁波，目前，使用的各种激光属于非电离辐射。激光被广泛应用主要是它具有辐射能量集中的特点，生产中主要用于金属和塑料部件的切割、打孔、微焊等。

激光对健康的影响主要是它的热效应和光化学效应造成的机械性损伤。眼部受激光照射后，可突然出现眩光感，视力模糊，或眼前出现固定黑影，甚至视觉丧失。激光还可对皮肤造成损伤，轻度损伤表现为红斑反应和色素沉着，照射剂量大时，可出现水疱，皮肤溃疡。

2.电离辐射及其引起的职业病

凡能直接或间接引起物质电离的辐射，称为电离辐射。其中 α、

β等带电粒子能直接引起物质电离，称为直接电离辐射；γ光子、中子等非带电粒子，不能直接使物质电离，称为非直接电离辐射。随着核工业的发展，核原料的勘探、开采、冶炼，核燃料及反应堆的生产、使用，放射性核元素在工业、农业、医学诊断中的应用，接触电离辐射的人员也日益增多。

电离辐射引起的职业病称为放射病，有急性放射病和慢性放射病两种。急性放射病是短期内一次或多次受到大剂量照射而引起的全身病变，多见于核能和放射装置应用中的意外事故或由于防护条件差所致职业性损伤，主要引起骨髓等造血系统损伤，也有发生肠麻痹、肠梗阻的情况；慢性放射病是长时期内受到超限值剂量照射所引起的全身性损伤，多发生于防护条件不佳的外照射工作场所，一般出现头痛、疲乏无力、记忆力下降，伴有消化系统障碍。

除全身性放射病外，电离辐射还可造成局部的放射性皮炎和放射性白内障。

3. 电磁辐射的防护

（1）非电离辐射的防护。由于电磁场辐射源所产生的场能随距离的增大而减弱，所以在不影响操作的前提下尽量远离辐射源；避免在辐射流的正前方作业，可有效防止微波辐射。为防止辐射线直接作用于人体，合理地使用防护用品是十分重要的。穿戴金属防护服可防止射频辐射，穿戴微波屏蔽服、红外线防护服、防护帽、防护眼镜等可防止微波、红外线辐射。激光和红外线防护的重点是对眼睛的保护，除佩戴防护眼镜外，还要定期检查眼睛。

（2）电离辐射的防护。作业人员要熟悉操作程序和安全操作规程，工作前应认真做好各项准备，如熟悉所用辐射性核元素的放射强度；工作结束后应及时清理用具，清除放射性污染物；在离开作业场所时应洗手或沐浴。正确使用防护用品，如穿戴工作服、防护镜、口罩、面盾等。在放射性工作场所内严禁饮食、喝水、抽烟和存放食品。

# 第三节　作业环境与条件的改善

## 一、环境温度的控制

### 1. 工作地点"小气候"对人的影响

工作地点的气候条件往往来自人为的生产环境。不同企业、不同工种，环境温度存在较大差别。高温作业岗位主要有：冶金工业的炼铁、轧钢车间；机械制造业的铸造、锻造车间；陶瓷、砖瓦等工业的炉窑车间；发电企业的锅炉间等；夏季建筑、搬运等露天作业，也属于高温作业。低温作业多见于冬季寒冷气候中的露天作业或在无采暖设施的车间内工作，从事冷藏和冷冻食品作业的工人也会接触寒冷环境。

（1）高温对人体的影响。高温会引起中暑。中暑多是由于机体产热大大超过散热，热量在体内蓄积所致。中暑与作业场所的气温过高有密切关系，但气温过高并不是唯一的致病因素，在相同的高气温条件下，如同时存在高湿度或强烈热辐射，特别是风速小时，更容易发生中暑。中暑还与劳动强度、休息制度、个体防护、个人的健康状况以及对高温的适应性有关。中暑有三种情况：

1）先兆中暑。在高温环境中劳动一定时间后，出现大量出汗、口渴、全身乏力、头晕、胸闷、心悸，以及注意力失控、动作不协调等症状。如能及时离开高温环境，短时间休息后即可恢复正常。

2）轻症中暑。除先兆中暑症状外，还出现体温升高（38.5℃以上），恶心、呕吐，血压下降，脉搏细弱而快等症状。如将患者迅速离开高温作业环境，到通风良好的阴凉处安静休息，喝一些含盐清凉饮料，一般4～5 h内可恢复。

3）重症中暑。除上述症状外，还出现突然昏倒或痉挛，皮肤干燥无汗，体温可达40℃以上。此时，应将中暑患者平卧，并移至阴凉通风处，迅速采取降低体温的措施，必要时送往医院治疗。

一般来说，对中暑患者及时进行对症处理，很快可恢复，不必调离原作业岗位。若因体弱不宜从事高温作业，应调换工种。

（2）低温对人体的影响。人体适应寒冷的能力有一定限度，如果在寒冷（-5℃以下）环境下工作时间过长，或浸于冷水中，超过适应能力，体温调节发生障碍，体温则会降低，影响机体功能，出现呼吸和心率加快、颤抖等症状。随着体温的下降，会出现全身疼痛，意识模糊，严重者心脏功能失调，必须及时抢救才能脱离生命危险。

低温对人体的伤害最常见的是冻伤，手、足、鼻尖和耳廓等是人体易发生冻伤的部位。冻伤的产生与人在低温环境中暴露的时间有关。在-20℃以下的环境里，皮肤与金属接触时，皮肤会与金属粘贴，称冷金属粘皮，这是一种特殊冻伤。

2. 防暑降温措施

（1）改善作业环境。预防中暑的关键在于改善高温作业环境，使作业场所的气象条件符合国家规定的卫生标准。在高温车间内合理布置热源，避免作业人员周围受到热源作用。尽可能把各种加热设备置于车间之外。温度很高的产品应尽快运出车间，如果热源不能移动，应采取隔热措施。通风是防暑降温的重要措施，应加强自然通风，使车间内高温从高窗或气楼排出。车间屋顶可安装风帽，墙角开窗可加强通风。当自然通风不能将余热全部排出时，应采用机械通风。

（2）加强个体防护。高温作业人员应穿耐热、坚固、导热系数小、透气功能好的浅色工作服，根据防护需要，穿戴手套、套鞋、护腿、眼镜、面罩、工作帽等。

（3）采取合理的组织措施和保健措施。制订合理的劳动和休息制度，调整作息时间，采取多班次工作办法；布置合理的工间休息地点；加强宣传教育，使职工自觉遵守高温作业安全卫生规程；定期检测作业场所的气象条件；实行医务监督，对高温作业人员定期进行体检；为高温作业人员提供清凉饮料。

3. 防寒保暖措施

冬季露天作业或在无采暖设施的车间工作时，应在工作地点附近设立取暖室，供作业人员轮流取暖休息之用。在寒冷环境中，体温会因空气运动而加快散失，最好的办法是降低空气在皮肤表面的流动速度，一般用适当多穿衣服和防风的办法来实现。因此，低温作业人员应穿御寒服装；工作时若衣服浸湿，应及时更换；劳动强度不可过高，防止过度出汗；要特别注意手、足保暖。在饮食方面，适当增加富含脂肪、蛋白质和维生素的食物。

另外，要教育、告知职工体温过低的危险性及其预防措施。肢端疼痛和寒战（体温可能降到35℃）是低温的危险信号，当严重寒战时，应终止作业。

二、照明的调节

1. 适宜的亮度

　　人在工作环境中进行各种生产劳动，主要是用眼睛这个视觉器官将物体的位置、大小、形状和运动速度及方向等信息，通过视觉神经传到大脑，在做出相应的判断后，采取有目的的动作。有资料表明，人们所获得的信息，80％以上是靠视觉得来的。因此，从视觉所得的信息对人的作业动作起着极为重要的作用。而通过视觉得到物体的正确信息，适宜的照明，使物体具有适当的亮度就是必要的条件了。光线不足或过强对安全作业的影响主要有：

　　（1）因为亮度不足，容易把物体的状况看错，大脑必然会根据错误的信息发出错误的指令，人也就会做出错误动作而造成事故。

　　（2）由于亮度不足，人要费劲才能看清物体，这就使人在生理上要消耗更多的能量。在这种环境中工作时间稍长，人就容易疲劳，引起心理状态的变化，使判断力和思考能力降低（或迟缓），误操作增多，发生事故的可能性也就随之增大。

　　（3）如果光线过于明亮，会使人感到耀眼，难以看清物体真相。长时间在过亮环境中工作，眼球也容易疲劳，发生事故的可能性也会增大。

　　2.适度的照明

　　光线不足或过强造成人的动作失误，是人们日常工作中常见的事情。因此，作业环境要有一个适宜的照明条件，使人们既能看清环境中各个物体的真实状况，又不使人的眼睛感到疲劳。

　　至于光源，一般以自然光线为宜。因为在同样光照条件下，自然光源较人工光源明亮、柔和。为此，作业现场材料不应堆放过高，以免遮挡日光；窗户要保持清洁；厂房的内墙应刷成浅色。

　　如果作业环境不能利用自然光（如夜班、井下作业、隧道等）或自然光不足（如阴天）时，则必须采用人工光源。人工照明有全面照明、局部照明和混合照明三种形式，可根据作业需要进行调节。通常情况下，工作场所的照明是由全面照明和局部照明共同组成的混合照明，即在工作场所安置若干照明设施而使整个工作面普遍达到所规定的视觉条件，同时在某个工作面上安置照明设施，作为局部照明直接照射到工件上，以弥补全面照明的不足。

无论采用自然光还是人工照明，都必须注意不要产生明暗对比度很强的阴影；同时，为了避免光线对眼睛的直射，可使用防直射灯罩。

### 三、操作姿势的调整

调查发现，许多最普通的疾病都是因为作业姿势不适当引起的。例如，人们长期弯腰操作往往会造成腰酸背痛或肌肉和关节损伤；伴随着广泛使用的显示装置，视觉障碍正在增多。随着机械化和自动化程度的提高，人与操作装置、工具之间的协调性、安全性等问题也应充分考虑，应使操作装置和工具的设计符合人的生理、心理特点和操作要求，并能在使用时方便、省力、快速、安全。

1. 调整好作业姿势

人在劳动中需要保持一定的姿势，也称体位。长时间保持一种作业姿势会使某些特定的肌肉处于持续收缩状态，容易引起疲劳。因此，在可能的情况下，操作人员在劳动过程中要适当变换作业姿势。

（1）站立操作。有些操作需要十分用力且动作幅度大，如操纵某些特定型式的机器，就常常需要站着完成。站立一天会使双腿肌紧张引起疲劳，或因下肢血液回流不好导致腿部肿胀。为减轻腿部的疲劳和肿胀，作业中注意让脚下有足够的活动空间，以便能适时变换作业姿势，使脚所承受的力量均匀分配。在站立作业中，还要尽量避免弯腰躬背。因为弯腰躬背时，背部肌肉一直处在紧张状态，直立起来后，就会感到腰酸背痛。

合适的作业高度也非常重要，如果作业高度不合适，操作者很快就会感到疲劳。适合的作业高度是：操作者不需要弯腰躬背、双肩放松、体态自然地进行操作。为此，工作台的高度应能根据操作者的身高进行调整，使台面与肘部在同一水平；操作装置、材料、工具等应方便拿取和使用。

（2）坐姿操作。坐姿时下肢处于比较放松的状态，与立姿比较，可以减少能量的消耗，减轻疲劳程度。采取坐姿时身体比较稳定，适合于从事精细作业；此外，坐姿状态不需要下肢支撑身体，可以用足或膝进行其他操作，如机动车驾驶。

坐姿作业同样存在一些不利于健康的因素，如坐姿状态下下腹肌松弛，颈椎弯曲较大，脊柱的 S 形生理弯曲的下部由前凸变为后凸，使身体相应部位受力发生改变，长时间作业可造成损伤；此外，坐姿操作不易改变姿势，用力受限制，工作范围受局限，久坐会导致生理性疲劳。

良好的坐姿是：身体坐直，靠近工作台。因此，工作台和工作椅应设计得使肘部与台面在同一水平，使腰背伸直，双肩放松。对于精密工作，应尽可能设计一些可调节的支撑物或支撑面，用以支撑肘部、前臂或手。还要注意选择便于工作且与工作台的高度相适应的工作椅，椅子的高度可调。要有足够的空间使双腿能自由活动。

2. 适宜的操作装置和工具

（1）操作装置的选择。正确选择操作装置的类型，如精密、高速操作的机器用手控装置,操作力较大的机器用脚踏板;准确区别紧急状态和正常状态下使用的操作装置,可用色彩和清晰的标签或防护装置来区分;操作程序应易于理解,要符合习惯,如电气设备的旋钮顺时针转动为"开",阀门则逆时针转动手柄表示"开"。

操作程序符合人的习惯非常重要。在紧急状态下,人们会按照正常的反应去操作,因此应确保操作方向与人们习惯的方向一致。如果购置的设备是进口的,不符合一般的操作习惯,则应清楚地标明"开""关"的方向。

(2)工具的选择。操作中经常需要使用各种工具,如钳子、锤子、刀、钻、斧等。工具如果与人的操作及工作对象不相适宜,可能降低工作效率,影响操作人员的健康。选择工具时应注意以下几点:避免使用较重的工具;在使用钳子等工具时,注意腕关节活动的角度;如果使用过程中需要利用工具的重力(如锤子),则工具的重心宜远离手部;使用工具时,应使操作者的手和上肢保持自然状态;操作时要容易拿住工具,一般用力大或使用时间长的工具,手握把柄的直径要大一些。工具还应具备外形美观、坚实耐用、使用安全等特点。

此外,需注意的是,必须选择符合国家标准的、质量合格的工具,避免选择和使用质量低劣的工具。在选择工具时,还应该征求操作者的意见。

### 四、疲劳的缓解

疲劳是劳动的结果。劳动者在连续工作一段时间后,由于长时期紧张的脑力或体力活动导致整个身体的机能降低。从生物学的理论上看,劳动是能量消耗的过程,这个过程持续到一定程度,中枢神经系统将产生抑制作用。继中枢神经系统疲劳之后，是反射运动神经系统的疲劳。反映出动作的灵敏性降低，作业效率下降。

1. 疲劳的分类

疲劳的分类方法很多，工作性质不同，产生的疲劳现象也不同，较为合理的分类是体力疲劳和精神疲劳两种现象。

（1）体力疲劳。劳动者在劳动过程中，随着工作负荷的不断累积，使劳动机能衰退，作业能力下降，且伴有疲倦感的自觉症状出现。如身体不适、头晕、头痛、注意力涣散、视觉不能追踪等，这不仅使作业效率下降，还会造成各种差错。在工作场所，许多事故的发生时间大都在疲劳期。疲劳的积累还会逐渐演化为器质性病变。

（2）精神疲劳。也叫脑力疲劳，即用脑过度，大脑神经活动处于抑制状态的现象。脑力劳动时，同样有明显肌肉紧张的表象。譬如读书时，眼肌收缩；进行心算时，语肌的活动量将随问题的繁复程度而增加。注意力越集中，肌肉越紧张，消耗能量也越大，最后脑神经活动处于抑制状态，平时能解决的问题，这时就会"束手无策"。脑力疲劳与体力疲劳是相互作用的，极度的体力疲劳，降低了直接参与工作的运动器官的效率，从而影响大脑活动的工作效率；而过度的脑力疲劳，会使精神不集中，思维混乱，身体倦怠，亦影响感知速度及操作的准确性。

2. 疲劳部位与职业的关系

由于特定的工作类型，身体特定部位的局部疲劳并未减轻，更何况人在作业时动作部位即使是局部的，也会由于连带关系出现全身疲劳。疲劳的部位在很大程度上受所从事的职业及工作特点影响，见表2—1。

表2—1　　　　　　　　疲劳部位与职业的关系

| 部位 | 职业、作业及环境 |
|---|---|
| 头部 | 环境充斥 $CO$、$CO_2$，换气不良 |
| 眼部 | 监视作业，计算机作业，显微镜作业，透视、校正、焊接；在低照度条件下作业 |
| 颈部 | 上下观察作业 |
| 耳部 | 铆接等噪声大的作业 |
| 肩部 | 搬运，肩及上肢作业 |
| 腕部 | 手连续动作的作业：钳工、手工研磨等手工作业 |
| 肘部 | 小臂连续性的作业 |
| 胸部 | 吹气以及胸部支承性作业 |
| 腹部 | 腹部牵引及推挡作业 |
| 腰部 | 反复前屈、举重向上的作业 |
| 臀部 | 坐位不适、坐位时间长 |
| 背部 | 前屈及蹲下作业 |
| 手指部 | 包装、敲击等长时间用手指的作业 |
| 膝部 | 蹲下过久的作业 |
| 大腿部 | 蹲下及重体力劳动 |
| 小腿部 | 站立作业及下肢劳动 |
| 手掌部 | 锤工、石工等用力握紧的作业 |
| 足部 | 站立作业，步行作业 |

3. 疲劳产生的原因

劳动过程中，人体承受了肉体或精神上的负荷，受工作负荷的影响产生负担，负担随时间推移的不断积累就将引发疲劳。导致疲劳产生的因素是多方面的。

（1）作业强度与持续时间。劳动负担是作业强度和作业持续时间的函数。作业强度越大，持续时间越长，劳动者就越容易疲劳。

（2）作业速度。作业速度越高越容易导致疲劳。根据劳动定额学研究，每一种作业都有适合于一般作业人员的合理速度，在合理的作业速度下劳动，人可以维持较长时间而不感到疲劳，体能的支出比较经济。

（3）作业态度。劳动者的精神面貌和工作动机对心理疲劳影响极为明显。劳动热情高，工作兴趣大，主观疲劳的感受就越小。工作动机的水平也制约和影响着完成工作准备支付和实际支付的能量的多少。动机水平越高，准备支付的能量越多，越不易感到疲劳。因此，强化工作动机，提高工作兴趣，可以减少疲劳感。

（4）作业时刻。在什么时间进行作业也影响疲劳的产生和感受疲劳的程度。比如夜班作业比白天作业容易疲劳。这和人体机能在夜间比在白天较低有关。

（5）不良的作业环境。不合适的照明条件、湿度、温度、噪声、粉尘等都会增加作业人员的精神与肉体负担，造成疲劳感。

（6）个人因素。如作业不熟练、睡眠不足、休息时间不足、年龄过低或过高、疾病、生理的周期不适，往往产生体力疲劳；劳动情绪低下、劳动兴趣不大、人际关系不和、家事不称心、担负责任重大、对疲劳的暗示、个人性格的不适应等，往往产生精神疲劳。

4. 疲劳对作业安全的影响

（1）体力疲劳对作业的影响。生理疲劳表现为肌肉酸痛、肌肉活动失调等，对作业安全的影响是：感觉、视觉、听觉机能降低，作业时可能发生错觉；反应迟钝，作业时动作准确性下降；作业时注意力不集中，注意范围变小；思维能力降低，对故障的判断能力和应急反应能力明显下降。

（2）精神疲劳对作业的影响。精神疲劳表现为无精打采，心情烦躁等，对作业安全的影响是：作业时思维迟缓，懒于思考，忽视作业中的危险因素，这往往是导致伤害事故发生的潜在因素。因此，从事危险性作业时，操作者要特别注意避免出现精神疲劳，一旦出现，就应该及时停止工作，适当休息，使疲劳消除，恢复精力和体力。

5. 预防和降低疲劳的措施

（1）选择正确的作业姿势和体位。任何一种作业都应选择适宜的姿势和体位，用以维持身体的平衡与稳定，避免把体力浪费在身体内耗和不合理的动作上。

1）搬起重物时，不弯腰比弯腰少消耗能量，可以利用蹲位。

2）提起重物时，手心向肩可以获得最大的力量。

3）向下用力作业时，立位优于坐位，立位可以利用头与躯干的重量及伸直的上肢协调动作获得较大的力量。

4）推运重物时，两腿间角度大于90°最为省力。

5）作业空间要考虑作业者身躯的大小。如作业空间狭窄，往往妨碍身体自由、正常的活动，束缚身体平衡姿势与活动维度，使人容易产生疲劳。

6）根据作业特点选择坐位和立位。坐位不易疲劳，但活动范围小；立位容易疲劳，但活动范围大。一般作业中经常变动体位，用力较大、机台旁容膝空间较小、单调感强等适宜立位；而作业时间较长，要求精确、细致、手脚并用等适宜坐位。

（2）合理安排作业休息制度。休息是消除疲劳最主要途径之一。无论轻劳动还是重劳动，无论脑力劳动还是体力劳动，都应规定休息时间。休息的额度、休息方式、休息时间长短、工作轮班及休息日制度等应根据具体作业性质而定。如果劳动强度大，工作环境差，需要休息的时间长，休息的次数多；若体力劳动强度不大，而神经或运动器官持续紧张的作业，应实行多次短时间休息；一般轻体力劳动只需在上、下午各安排一次工间休息即可。

（3）改善工作内容克服单调感。单调作业是指内容单一、节奏较快、高度重复的作业。单调作业所产生的枯燥、乏味和不愉快的心理状态，称为单调感。

1）培养多面手。变换工种；从事基本作业的工人兼辅助作业或维修作业；工人兼做基层管理工作。

2）操作再设计。在操作设计上根据人的生理和心理特点进行重组，如合并动作、合并工序，使工作多样化、丰富化。

3）动态信息报告。在工作地放置标识板，每隔相同时间向工人报告作业信息，让工人知道自己的工作成果。

4）改善工作环境。可利用照明、颜色、音乐等条件，调节工作环境，尽可能适宜于人的工作特点。

（4）改进生产组织与劳动制度。生产组织与劳动制度是产生疲劳的重要影响因素之一，包括经济作业速度、休息日制度、轮班制等。

（5）改善劳动环境和卫生条件。如改善作业场所的照明条件，消除或降低噪声，材料堆放整齐，保持作业场所空气畅通，使劳动舒适愉快。

# 第四节　劳动防护用品的管理与使用

劳动防护用品（又称个体防护用品）是劳动者在劳动中为抵御物理、化学、生物等外界因素伤害人体而穿戴和配备的各种物品的总称。尽管在生产劳动过程中采用了多种安全防护措施，但由于条件限制，仍会存在一些不安全、不卫生的因素，对操作人员的安全和健康构成威胁。因此，劳动防护用品就成为保护劳动者的最后一道防线。

## 一、劳动防护用品概述

对劳动防护用品的基本认识：

（1）劳动防护用品是一种辅助性的安全措施。劳动防护用品在一定程度上只能延缓或减轻有害因素对人体安全、健康的伤害，要从根本上解决安全方面存在的问题，应从加强安全管理、实现生产设备及作业环境的本质安全上着手。

（2）根据实际需要发放劳动防护用品。应当根据实现安全生产、防止职业性伤害的实际需要，按照不同工种、不同劳动条件，制定发放劳动防护用品的标准，使发放劳动防护用品在种类、数量、性能上与实际需要相适宜，物尽其用，不致造成资金和物资的浪费。

（3）劳动防护用品不是生活福利待遇。有相当数量职工，包括一些领导，都将劳动防护用品误认为是生活福利待遇，多多益善，以致盲目提高发放标准，或者片面追求样式，使劳动防护用品失去了应有的保护作用。

（4）保证质量，安全可靠。对于生产中必不可少的特殊劳动防护用品，如安全帽、安全带、绝缘护品、防尘防毒面具等，必须根据特定工种的要求配备齐全，保证质量，并建立定期检验制度，不合格的、失效的一律不准使用。另外，在一些特定的作业场所中，要注意劳动防护用品的适用性，如在易燃易爆、有烧灼和静电发生的场所，就严禁职工穿用化纤类防护用品。

**二、劳动防护用品的分类**

1. 按照用途和防护部位分类

（1）以防止伤亡事故为目的的安全护品，主要包括：

1）防坠落用品，如安全带、安全网等；

2）防冲击用品，如安全帽、防冲击护目镜等；

3）防触电用品，如绝缘服、绝缘鞋、等电位工作服等；

4）防机械外伤用品，如防刺、割、绞碾、磨损用的防护服、鞋、手套等；

5）防酸碱用品，如耐酸碱手套、防护服和靴等；

6）耐油用品，如耐油防护服、鞋和靴等；

7）防水用品，如胶制工作服、雨衣、雨鞋和雨靴、防水保险手套等；

8）防寒用品，如防寒服、鞋、帽、手套等。

（2）以预防职业病为目的的劳动卫生护品，主要包括：

1）防尘用品，如防尘口罩、防尘服等；

2）防毒用品，如防毒面具、防毒服等；

3）防放射性用品，如防放射线服、铅玻璃眼镜等；

4）防热辐射用品，如隔热防火服、防辐射隔热面罩、电焊手套、有机防护眼镜等；

5）防噪声用品，如耳塞、耳罩、耳帽等。

（3）按人体防护部位分类。根据《劳动防护用品分类代码》的规定，我国实行以人体防护部位的分类标准，将劳动防护用品分为 9 类：

1）头部防护用品。头部防护用品是为了防御头部不受外来物体打击和其他因素危害而配备的个人防护装备，包括安全帽、防尘帽、防寒帽等 9 类产品。安全帽具备冲击吸收性能、耐穿刺性能及一些特殊技术性能要求，如炉前作业要求阻燃性能，坑道作业要求倾向刚性，易燃易爆场所要求抗静电等。安全帽的使用寿命在 3 年左右，当过长地暴露在紫外线或者受到反复冲击时，其寿命会缩短。

2）呼吸器官防护用品。呼吸器官防护用品是为了防御有害物质从呼吸道吸入，或直接向使用者供氧或新鲜空气，以保证在尘、毒污染或缺氧环境中作业人员能正常呼吸的防护用品。按防护功能可分为两类：一类是过滤呼吸保护器，它可去除污染而使空气净化，如防尘口罩、防毒面具等；另一类是供气式呼吸保护器，它可向佩戴者提供洁净空气，如压缩空气呼吸器等。

3）眼、面部防护用品。眼、面部防护用品是为了预防烟、尘、金属火花及飞屑、热、电磁辐射、化学品飞溅等伤害眼睛或面部的护品。根据防护功能，大致可分为防尘、防水、防强光等 9 类。目前我国生产和使用较为普遍的有三种：焊接护目镜及面罩，其作用是防止非电离辐射、金属火花和烟尘等危害；炉窑护目镜，其作用是预防炉、窑口辐射出的红外线和少量可见光、紫外线对眼睛的危害；防冲击眼护具，其作用是预防铁屑、灰砂、碎石等外来物对眼睛的冲击伤害。

4）听觉器官防护用品。听觉器官防护用品是为了预防噪声对人体引起的不良影响的防护用品。主要有三类：一类是置放于耳道内的耳塞，使用时要特别注意耳塞的清洁问题及耳塞与使用者耳道的匹配问题；另一类是置于外耳外的耳罩，使用时要顺着耳形戴好，并注意检查罩壳有无裂纹和漏气现象；第三类是覆盖于头部的防噪声头盔，一般有软式（如航空帽）和硬式两种。

5）手部防护用品。通常称为劳动防护手套，具有保护手和手臂的作用。按照防护功能分为一般防护手套、防酸碱手套、防寒手套、绝缘手套、防高温手套等 12 类。使用时要考虑到舒适、灵活的要求和防高温的需要及可能用其抓起的物件的种类条件的需要等，还要考虑使用者遇到的危险因素，如是否有存在被卷到机器中去的危险。

6）足部防护用品。通常称为劳动防护鞋，是防止生产劳动过程中有害物质或外逸能量损伤劳动者足部的护品。按照功能分为防水鞋、防寒鞋、防静电鞋、防酸碱鞋、电绝缘鞋等 13 类。根据防护鞋功能的需要，所有防护鞋都应满足如下要求：防护鞋外底必须具有防滑块；鞋后跟应具有适宜的高度；鞋帮材料要耐磨且透湿性好；鞋后跟具有缓冲性，能瞬间吸收能量。

7）躯干防护用品。躯干防护用品即防护服，按照防护功能分为普通防护服、防水服、防寒服、阻燃服、防电磁辐射服等 14 类。防护服的主要功能是有效地保护劳动者免受劳动环境中的物理、化学和生物等因素的伤害。防护服除安全可靠，适合作业场所的需要外，还要舒适大方，适合行业特点。

8）护肤用品。护肤用品用于防止皮肤外露部分（主要是面、手）受到化学、物理等因素（如酸碱溶液、漆类、紫外线、微生物等）的侵害。护肤用品一般是在整个劳动过程中使用，上岗时涂抹，下班后清洗，可起一定隔离作用。按照防护功能，分为防晒、防射线、防油、防酸、防碱等类。

9）防坠落用品。防坠落用品是为了防止作业人员从高处坠落的护品，主要有安全带和安全网两种。

2. **按劳动防护用品防护性能分类**

劳动防护用品还可以分为特种劳动防护用品与一般劳动防护用品。特种劳动防护用品是指使劳动者在劳动过程中预防或减轻严重伤害和职业危害的劳动防护用品，一般劳动防护用品是指除特种劳动防护用品以外的防护用品。

特种劳动防护用品分为如下 6 大类：

（1）头部护具类，如安全帽等。

（2）呼吸护具类，如防尘口罩、过滤式防毒面具、自给式空气呼吸器、长管面具等。

（3）眼（面）护具类，如焊接眼（面）护具、防冲击波眼护具等。

（4）防护服类，如阻燃防护服、防酸工作服、防静电工作服等。

（5）防护鞋类，如防静电鞋、防穿刺鞋、电绝缘鞋、耐酸碱皮胶靴、耐酸碱皮鞋等。

（6）防坠落护具类，如安全带、安全网、密目式安全立网等。

**三、对劳动防护用品的要求**

1. **对劳动防护用品的质量要求**

防护用品质量的优劣直接关系到职工的安全与健康，必须经过有关部门核发生产许可证和产品合格证。其基本要求是：

（1）严格保证质量。

（2）所选用的材料必须符合要求，不能对人体构成新的危害。

（3）使用方便舒适，不影响正常操作。

2. 对劳动防护用品的管理要求

企业应当根据工作场所中的职业危害因素及其危害程度，按照法律、法规、标准的规定，为职工免费提供符合国家规定的护品。不得以货币或其他物品替代应当配备的护品。企业在发放和管理劳动防护用品应做到：

（1）到定点经营单位或生产企业购买特种劳动防护用品。特种劳动防护用品必须具有"三证"和"一标志"，即生产许可证、产品合格证、安全鉴定证和安全标志。购买的特种劳动防护用品须经本单位安全管理部门验收，并应按照特种劳动防护用品的使用要求，在使用前对其防护功能进行必要的检查。

（2）根据生产作业环境、劳动强度以及生产岗位接触有害因素的存在形式、性质、浓度（或强度）和防护用品的防护性能进行选用。

（3）按照产品说明书的要求，及时更换、报废过期和失效的护品。

（4）建立健全防护品的购买、验收、保管、发放、使用、更换、报废等管理制度和使用档案，并进行必要的监督检查。

**四、劳动防护用品的使用**

1. 正确选用和坚持使用劳动防护用品

必须根据工作场所中的危害因素及其危害程度，正确、合理地选用护品，并养成只要上岗作业就按要求穿戴防护用品的良好习惯。在生产设备和作业环境尚未实现本质安全的情况下，劳动防护用品仍不失为减少事故、减轻伤害程度的一种有效措施。但由于设计或制作上的原因，一些劳动防护用品穿戴后会使人感到不舒适、不灵活，有的很笨重，使得职工不愿穿戴；还有的职工怕麻烦，觉得穿不穿两可。因此，班组长要认真做好宣传教育工作，使职工真正认识到劳动防护用品对保障安全和健康的重要作用，自觉地按照规定要求穿戴劳动防护用品。

2. 通过教育培训，使职工做到"三会"

"三会"即会检查护品的安全可靠性，会正确使用护品，会维护保养护品。劳动防护用品的质量对使用者来说至关重要，有时甚至是性命攸关的问题。如安全带在使用中发生断裂，后果是不堪设想的。因此，职工必须掌握所使用的防护用品的性能、要求，能发现存在的缺陷和质量问题，保证其使用安全。其次，劳动防护用品使用正确与否，直接影响其能否发挥应有的作用。因此，职工必须了解护品正确的使用方法和注意事项，避免在工作中遭受不应有的伤害。再次，要掌握防护用品维护和保养的方法，特别是对安全帽、安全带等一些特殊防护用品，要定期检查和保养，保持其良好性能。

# 第三章 现代安全管理方式

## 第一节 安全管理概述

安全管理就是以安全为目的，进行有关决策、计划、组织和控制方面的活动。安全管理的目的是通过管理的手段，实现控制事故、消除隐患、减少损失的目的，使整个企业达到最佳的安全水平，为职工创造一个安全舒适的工作环境。随着安全管理的实践和科学技术的进步，安全管理大致可以分为两个阶段，即传统安全管理和现代安全管理。现代安全管理是在传统安全管理基础上的进一步提高、健全和完善。

**一、安全管理方法**

1. 传统安全管理方法

（1）事故发生后吸取经验教训，采取措施，防止事故重复发生。

（2）基本上凭经验和感性认识分析和处理生产中的各类安全问题。

（3）对安全问题的定性评价多，定量评价少。即对安全状况的评价多为"安全"或"不安全"。

传统安全管理积累了许多非常宝贵的经验和有效的管理方法，这些经验、方法和制度是行之有效的。但是，由于采取"事后处理"的防范方法，使安全工作总是跟在生产后面跑，"头痛医头，脚痛医脚"，缺乏系统分析、全面解决问题。因此，防患于未然实际上很难做到。再就是传统的安全管理往往凭经验和直观感觉处理生产中的安全问题，不能由表及里地深入分析，因而不容易发现潜在隐患的危险性。此外，由于传统安全管理中定性概念多，定量评价少，因而对生产过程中的事故发生的可能性有多大、有多严重的后果，心中无数，难以提出有效的防范对策。

2. 现代安全管理方法

现代安全管理是以降低生产劳动过程中的伤亡事故和职业病为目标，通过科学的组织管理方法付诸实施，使目标得以实现。现代安全管理应用现代科学知识和工程技术，研究、分析生产系统和作业中各环节固有的及潜在的不安全因素，进行定性、定量的安全性和可靠性评价，对系统安全做出预测、预报、预防，采取有效对策，控制以及消除隐患，达到最佳安全生产的效果。

现代安全管理的基本特点如下：

（1）变传统的事故管理为现代的事件分析与隐患管理，即变事后型管理为预防型管理。现代安全管理运用科学的手段进行危险性预测，分析和预测系统中的不安全因素、可能发生的故障，对机械设备、生产装置设置进行安全可靠性评价，真正做到预防为主。

（2）变传统的纵向单因素安全管理为现代的综合系统安全管理。现代安全管理从系统的整体出发，全面地观察、分析、研究问题，制定对策，改变"头痛医头，脚痛医脚"的片面做法，扭转安全工作围着事故转的局面。

（3）变传统的定性分析为现代的定量评价。"定量"就是将安全从一个抽象的概念转化为一些"量"的指标，以便于对事故发生的可能性和事故后果的严重程度进行预测，为选择最优方案提供科学依据。

（4）变传统的静态安全管理为现代的安全动态管理。根据安全生产对策在执行中的反馈情况，及时进行调整，提出新的对策，执行后再反馈。充分利用动态信息流的指导作用，促使安全决策不断完善，管理水平不断提高。

**二、安全管理的原则**

1. 法制原则

所有安全管理的措施、规章、制度必须符合国家的有关法律、法规。在履行这一原则时，常常采用一票否决制，即对重大的违章事故，严格执法，违规必纠，不做妥协和让步，只有这样，才能实现对安全的严格管理与控制。

2. 预防原则

预防原则是安全管理的重要原则。事故发生的主要原因是人的不安全行为和物的不安全状态，而这些原因又是由小变大，由影响事故的间接原因变成导致事故发生的直接原因，这一演变的过程，为安全预防管理提供了可能。通过管理，消除引发事故的因素，杜绝隐患，将事故消除在萌芽状态。

3. 监督原则

安全管理的重要手段是监督、检查日常的安全工作事项。实践证明，生产过程中大量发生的是轻微伤害或者无伤害事故，而导致这些事故的原因往往不被重视或习以为常。事实上，轻微伤害和无伤害事故的背后，隐藏者与造成严重事故相同的原因。因此，日常检查显得非常重要，不能流于形式，要细致、警觉，甚至对一些不起眼尤其是容易忽视的事故隐患"吹毛求疵"。只有这样，才能及时发现和消除小隐患，避免大事故的发生。

4. "四全"原则

安全管理不是少数人和安全机构的事，而是一切与生产有关的人员共同的事。缺乏全员的参与，安全管理不会有生气，不会出现好的管理效果。当然，这并非否定安全管理第一责任人和安全机构的作用。生产组织者在安全管理中的作用固然重要，全员性参与管理也十分重要。

安全管理涉及生产活动的方方面面，涉及从开工到竣工交付的全部生产过程，涉及全部的生产时间，涉及一切变化着的生产因素。因此，生产活动中必须坚持全员、全过程、全方位、全天候的动态安全管理。

5. 目的性原则

安全管理的内容是对生产中的人、物、环境因素状态的管理，有效地控制人的不安全行为和物的不安全状态，消除或避免事故，达到保护劳动者的安全与健康的目的。

没有明确目的的安全管理是一种盲目行为。盲目的安全管理，充其量只能算作花架子，劳民伤财，危险因素依然存在。在一定意义上，盲目的安全管理，只能纵容和威胁人的安全与健康的状态，向更为严重的方向发展或转化。

### 三、安全管理的模式

从不同的角度归纳和总结安全管理模式，并理解、掌握和运用于实践，对于改进企业的安全管理，提高企业安全生产的保障能力具有良好的作用。

1. 综合安全管理模式

企业综合安全管理模式是在新的经济运行机制下提出来的，其思想是：无论是人身伤亡事故，还是财产损失事故；无论是交通事故，还是火灾事故，都对人类造成危害和损害。这些人们不希望发生的现象，无论从事故根源、过程和后果，都有共同的特点和规律。企业对其进行防范和控制，也都有共同的对策和手段。因此，把企业的各类专业安全工作，如机械设备安全，特种设备安全，消防安全等，进行综合管理，对于提高企业综合管理水平有着重要的作用。因此，建立"大安全"的综合安全管理模式是当今企业安全管理的发展趋势。

2. 对象化的安全管理模式

（1）"以人为中心"的安全管理模式。以人为中心的安全管理模式，其基本内涵是把管理的核心对象集中于生产作业人员，体现以人为本的管理思想，即安全管理应该建立在研究人的心理、生理素质基础上，以纠正人的不安全行为、控制人的误操作作为安全管理目标。以这种模式为代表的是："三不伤害"活动（不伤害自己、不伤害他人、不被他人伤害）；"安全人"管理模式；"人基严"模式（人为中心、基本功、基层工作、基层建设严字当头，从严治厂）等。

（2）"以管理为中心"的安全管理模式。这种管理模式基于如下认识：一切事故原因来源于管理缺陷，因此，现代的管理模式既要吸收科学安全管理的精华，也要提炼出本单位安全生产的经验，更要能够运用现代安全管理的理论。

3. 程序化的安全管理模式

（1）事后型安全管理模式。事后型安全管理模式是一种被动的管理模式，即在事故或灾难发生后进行亡羊补牢，以避免同类事故再发生的一种管理方式。

（2）预防型安全管理模式。预防型安全管理模式是一种主动、积极预防事故或灾难发生的对策，是现代安全管理和减灾对策的重要方法和模式。

4. 系统安全管理模式

摒弃了传统的事后管理与处理的作法，采取积极的预防措施，根据管理学的原理，为用人单位建立一个动态循环的管理过程框架。如OHSMS模式以危害辨识、风险评价和风险控制为动力，循环运行，建立起不断改善、持续进步的安全管理模式，通过这种模式可以将风险极大程度地降低。

# 第二节　安全目标管理

目标管理是一种系统管理方法，是通过让企业管理人员与职工共同参与制订工作目标，并在工作中实行自我控制，努力完成工作目标的管理方法。目标管理的目的，是通过目标的激励作用来调动广大职工的积极性，保证总目标的实现。目标管理的核心，是强调工作成果，并以实现目标的成果来评价贡献的大小。

## 一、目标设定的原则和依据

### 1. 目标设定的原则

确定安全目标应突出重点，体现安全工作的关键问题；制定目标时应尽量使其数量化，这样不仅可操作性强，而且有利于对目标的检查、评比、监督和考核。目标与措施要相互对应，用具体措施保证目标的实现。具体来说，应遵循以下原则：

（1）根据上一层次安全管理的分目标或子目标及生产岗位的实际情况，制定各层次的具体目标，并与上一层次目标协调一致，保证上一层次目标的实现。

（2）安全管理目标应使整个安全管理工作与每一个职工所承担的具体安全生产责任充分地融为一体，即安全管理目标的建立要与职工的安全生产责任制相结合，以所制定的安全目标来要求和规范职工的安全行为。

（3）目标管理是一种过程，是一种动态管理，通过检查、监督、信息反馈及对目标的调整，以利于总目标和分目标的完成。

（4）安全管理目标要切合实际，要分清主次，突出重点，内容明确，具有可操作性。

2.目标设定的依据

安全生产目标的设定应依据国家安全生产法律法规、标准规范；本单位安全生产的中、长期规划；本单位安全生产状况，如伤亡事故的发生情况，职业危害和职业病的发病情况；本单位经济技术条件。

**二、安全目标的内容**

在制定安全目标时，必须将安全管理、安全教育、安全活动、隐患整改等具体安全工作要求转化成可以量化的数据指标，用定量为主的数据指标代替定性为主的形式内容，并使安全目标反馈出的各种数据真实、清晰、完整、准确。

1.指标项目

安全目标一般包括以下几个方面的指标：

（1）重大事故次数，包括伤亡事故、重伤事故、重大火灾事故、急性中毒事故等。

（2）死亡人数指标。

（3）事故造成的经济损失，如工作日损失天数，工伤治疗费，死亡抚恤等。

（4）作业点尘毒达标率。

（5）劳动安全卫生措施计划完成率、隐患整改率、设备完好率等。

（6）全员安全教育率，特种作业人员培训率等。

2. 保证措施

在设定安全目标内容的同时，还必须将保证目标完成的具体措施明确下来。

（1）安全教育措施，包括教育的内容、时间安排、参加人员规模、宣传教育地点等。

（2）安全检查措施，包括检查内容、时间安排、责任人、检查结果的处理等。

（3）危险因素的控制和整改，安全控制点的管理。

（4）安全评比。

### 三、实行目标管理的步骤

目标管理大体可分为：目标的制定、目标的实施、成果评价与奖惩、制定新目标。

1. 目标的制定

合适的目标能够激发人的动机，调动人的积极性。因此，为了充分发挥目标的激励作用，应提出合理而可行的奋斗目标，使广大职工既认识到目标的价值，又认识到实现目标的可能性，从而激发他们的决心和信心，为争取目标的实现而共同奋斗。

制定目标要有职工的参与，领导与职工共同讨论，提出切实可行的工作目标。可根据实际情况设置若干个目标，但不宜太多，以免力量过于分散。目标尽可能具体化、数量化，以便于考核和衡量。

按照目标的层次性、可分性原则，企业安全目标确定之后，需由上至下层层展开，分解成各科室、车间、工段、班组和每个职工的分目标。在目标分解时，应使每个分目标与总目标密切配合，直接或间接地有利于总目标的实现。各部门或个人之间的分目标间也应协调平衡，避免相互牵制或脱节。同时，制定分目标时应兼顾目标的先进性和可能性。

目标的实现，依靠自下而上的层层保证，即形成个人向班组负责、班组向工段负责、工段向车间负责、车间向企业负责的层次管理。下一级为了保证上一级目标的实现，需要采取有效的手段，找出本单位为实现目标必须解决的关键问题，并针对性地提出措施，从而确保本单位分目标的实现。

2. 目标的实施

安全管理目标分解后，实施目标的单位应该对目标中各重点问题编制实施计划表，表中包括实施该目标时存在的问题和关键、需采取的措施项目、要达到的目标值、完成时间、负责执行的部门和人员，以及项目的重要程度等。各目标实施单位应严格按照计划表上的要求来进行工作，保证每个工作岗位都能有条不紊地展开工作，完成预期的各项目标值。

3. 成果评价与奖惩

成果的评价首先由下级自己进行，然后由上级对其进行评价。通过评价，一方面可以使目标实施单位对实施情况进行自我总结和反省；另一方面，评价的结果是实行奖惩的重要依据。进行成果评价时，要避免重"硬"轻"软"的倾向，更不能以"硬"指标掩盖或取代"软"指标。要从严从实，严格按照定量要求进行评价，做到不降低标准、不遗漏项目。

4. 制定新目标

当达到既定目标以后，企业应及时总结目标管理的成败经验，并根据安全工作现状和生产经营情况，制定新的目标，开始新一轮的循环，使目标水平逐步提高。

# 第三节　安全行为管理

## 一、安全行为的影响因素

人的行为具有计划性、目的性和可塑性，因此每个人安全行为是有差异的、复杂的、动态的。要有效地预防、抑制和消除不安全的行为，并鼓励安全行为，仅仅了解和掌握人的行为规律是不够的，还必须对影响安全行为的诸多因素进行分析。影响人安全行为的主要因素有以下几类：

1. 个性心理因素

（1）情绪对人的安全行为的影响。情绪是每个人固有的、受客观事物影响的一种外在表现，这种表现是体验又是反应，是冲动又是行为。当情绪处于兴奋状态时，人的思维、反应比较灵敏；当情绪处于抑制状态时，则人的思维和反应比较迟缓。从安全的角度来看，当不同的情绪出现或当情绪处于不同的状态时，人们的安全行为表现是不同的。

（2）气质对人的安全行为的影响。气质是人的个性的重要组成部分，是一个人所具有的典型的、稳定的心理特征。气质不同的人，具有不同的安全行为。如多血气质的人，敏捷、情绪变化快，他们安全意识较强，但有时不稳定；胆汁气质的人，易于激动，暴躁，安全意识较前者差；黏液气质的人，工作中能坚持不懈，但环境变化的适应能力差；抑郁气质的人，工作中能表现出坚持精神，但动作反应慢。

（3）性格对人的安全行为的影响。性格是每个人所具有的最主要、最显著的心理特征，是人在长期生活过程中形成的对现实的稳定态度和习惯化了的行为方式，它表现在人的活动目的上，也表现在达到目的的行为方式上。理智型性格的人，用理智来支配行动；情绪型性格的人，情绪体验深刻，安全行为受情绪影响大；意志型性格的人，有明确的目标，安全责任心强。

2. 社会心理因素

（1）社会知觉对人的安全行为的影响。社会知觉是指人们在一定社会环境中对他人的知觉。社会知觉的最终目的是要通过对别人所形成的正确印象，从而洞察他人。安全问题的预防和解决在很大程度上依赖人们之间知觉的正确性，即依赖良好的人际环境。

（2）价值观对人的安全行为的影响。在现实生活中，每个人的心目中都存在一系列的价值评价标准，并依据这些标准对周围的事物进行评价。所持的价值标准不同，或者价值标准的轻重主次顺序不同，不仅对事物做出的价值判断不同，而且也影响和决定着人们的行为。如不同的人对安全价值的认识不同，其对安全的重视程度以及做出的消除事故隐患或预防事故的努力往往也是不同的。

（3）角色对人的安全行为的影响。在生产经营活动中，每个人都扮演着不同的角色，每一角色都有一套行为规范。人们只有按照自己所扮演的角色的行为规范行事，生产活动才能有条不紊地进行。在安全管理中，需要发挥这种角色规范的作用。

3. 环境、物的状况对人的安全行为的影响

环境变化会刺激人的心理，影响人的情绪，甚至打乱人的正常行动；物的运行失常或布置不当，会影响人的识别和操作，造成混乱和差错，打乱人的正常活动。也就是会出现这样的模式：环境差→影响人的操作→扰乱人的行动→产生不安全行为；反之，环境好、物的设置恰当或者运行正常，能调节人的心理，激发人的有利情绪。因此，要保障人的安全，必须创造良好的环境，使人、物、环境得以协调。

## 二、不安全行为分析

1. 不安全行为的概念

不安全行为包括两个含义，一是指易于肇发事故的行为，二是指在事故过程中扩大事故损失的行为。我们可以从不同角度对不安全行为加以理解。首先，安全行为是个相对概念，是指事故发生概率很低和使事故损失很低的行为特征，反之，则为不安全行为。其次，从行为与环境的关系方面分析，同样一种行为（如酒后），在某种环境中（如休息）就是安全行为，在另一种环境中（如开车）就是不安全行为。这样，按行为与环境的关系，可以将不安全行为定义为：在某个特定的时空环境中，行为者能力低于系统对行为者能力要求时的行为特征，表现为行为的功能没有满足系统对行为者的要求。从这个角度看，安全行为与不安全行为则是相对于行为环境对行为者要求而言的

一个相对的概念。

从发展的角度看，安全行为是人们在大量生产实践中，从事故发生和损失扩大的教训中不断总结出来的行为规律，并用这种认识制定安全操作规程和劳动安全纪律。随着人们对生产技术的不断提高，对事故规律的不断研究，将不断完善这种认识，并不断完善安全操作规程和劳动安全纪律。

2. 不安全行为的类型

不安全行为按其产生的根源可以分为：有意识不安全行为（简称有意不安全行为）和无意识不安全行为（简称无意不安全行为）两大类。

（1）有意识不安全行为。意识是人心理活动的最高形式，人的行为的自觉性、目的性，以及评价、调节和自我控制能力等都具有意识的基本特征。有意识不安全行为是指行为者为追求行为后果价值，在对行为的性质及行为风险具有一定认识的思想基础上，表现出来的不安全行为，也就是说有意识不安全行为是在有意识的冒险动机支配之下产生的行为。

生产作业中人的行为动机是由三个因素构成的：一是行为者对行为后果价值的追求强度。二是行为者对自己行为能力的估计。两者综合比较的结果称为行为风险估量。三是个人及群体影响因素，包括个人的安全文化素质及企业安全文化氛围，这两个方面对行为动机的作用力称为安全文化强度，它的强弱将影响人的不安全行为动机。

因此，可看出，有意识不安全行为动机是两个方面原因共同作用的产物：一是对行为后果价值过分追求的动力和对自己行为能力的盲目自信，造成行为风险估计的错误；二是由于个人安全文化素质较低

（即行为者缺乏安全行为的自觉性），再加之企业没有建设起较强的安全文化氛围（即企业群体缺乏对不安全行为的约束力），使行为者的不安全行为动机不能得到有力的校正。

（2）无意识不安全行为。无意识不安全行为是指行为者在行为时不知道行为的危险性；或者没有掌握该项作业的安全技术，不能正确地进行安全操作；或行为者由于外界的干扰而采用错误的违章违纪作业；或由于行为者出现生理及心理的偶然波动，破坏了其正常行为的能力而出现危险性操作等。显然，无意识不安全行为属于人的失误，按产生失误的根源可以将其分为两种：一种是随机失误，另一种是系统失误。

随机失误是指行为者具有安全行为能力，也知道不安全行为的危害，但是由于外界的干扰（如违章指挥等），或行为者自身出现的生理心理状况恶化（如疾病、疲劳、情绪波动等），发生的不安全行为。在出现生理及心理状况恶化的状态下作业，多数是行为者个人没有能力控制自己，又没有恰当安排好自己的工作，这显然是行为者个人的责任。如果生产管理者已经掌握了行为者的状态而未给予适当的调节，甚至坚持进行较危险的操作，则其失误的原因就应属于管理失职，也可以归为违章指挥的范围。

系统失误有两种：第一种是人机界面设计不当，不能与人的生理心理条件匹配，使人在操作中容易疲劳。从而创造了产生失误的作业条件，属于人机系统设计问题；第二种是行为者不具备从事该项作业的安全行为能力，或者不知道该项作业的安全操作规程，或者只知道些安全作业条文，而不具备安全操作技术，因此在作业中，凭借自己想象的方法蛮干。也就是说作业者本身就具有必然失误的条件，造成这种情况的主要原因是管理者用人不当，或者没有对行为者进行认真的培养和严格安全能力考核，显然出现这种情况是属于违章指挥的结果。

**三、消除或减少人的不安全行为**

1. 人机环境系统本质安全化建设

人机环境系统本质安全化，即实现生产系统中人、机、环境三者最佳的安全匹配，其中，人员本质安全化是人机环境系统本质安全化中的关键子系统建设。

人员本质安全化建设。人员本质安全化定义为：使人员的安全生理、安全心理、安全技术及安全文化四个方面的素质构成与生产系统的安全要求相匹配。人员本质安全化建设的目的就是培养人员这四个方面的素质。

不同的生产作业系统，不同的工种，其安全操作技术不同，对人员安全素质的要求也就不同，即对人员素质选择的内容及要求的指标不同，培养训练的内容及方法也不相同。以生理心理素质为例，电焊工只要求具备较好的眼与手配合能力，而汽车司机还要具备眼与脚的配合能力。虽然电焊工与司机都需进行手的盲目定位训练，但司机还需进行脚的盲目定位训练。

安全文化是决定人员安全品质的关键。安全文化是指体现在员工身上的安全价值观念和安全行为模式，例如，安全第一观念的强度是否能构成自觉遵章守纪的意识，是否能在生产活动中具有安全行为的自觉规范能力，是否能在生产活动中自觉地用"三不伤害"原则来约束自己的行为等。

以上四项素质中，生理心理素质是最不稳定的素质，极易受到外界因素的干扰引发随机失误；安全技术素质是通过一定时间的培养训练形成的较为稳定的素质，一般不会有明显的波动，除非生理上心理上发生很大的变化导致肢体障碍，或者生产指挥者强行干预；安全文化素质是在教育、培养、训练中形成的最稳定的素质，几乎不会因暂时的干扰发生变化。实践证明，生理、心理及技术素质很好的工人并不一定遵章守纪，相反，越是这三个条件好的人越敢冒险违章，这是有意识不安全行为者的特点之一。只有具备较高的安全文化素质，建立起正确的安全价值观和安全行为动机的人员，才能正确发挥其生理、心理及技术上的优势，成为安全、高效的作业者；对于安全技术水平不高的人员，也能自觉地学习安全操作技术，主动完善自己的安全素质。

2. 机具本质安全化建设

从控制人的不安全行为这一角度分析，机具本质安全化建设的主要内容之一就是合理设计人机界面，避免引起人员不安全行为的结构。

机具人机界面的合理程度直接影响人的操作方法和操作准确性，如果机具的人机界面结构不当，不仅使工人不便于操作，甚至很容易造成失误。例如，有的控制台设计成一排十几个形状、颜色完全相同的按键，使用时操作者的视觉定位及触觉定位十分困难，特别是在紧急情况下极易发生误操作。再如，如果信息变化过快或要求连续操作的动作过快，会使工人处于高度紧张状态，很快就会产生疲劳，使得工人丢失信息，或是跳过某些作业环节出现随机失误。

3. 作业环境本质安全化建设

作业环境指的是技术性生产环境，包括物理、化学、生物、空间、时间五种环境。作业环境对人的安全操作能力有着直接的影响，如过强的噪声会使人产生躲避心理，导致简化作业而违章；有害气体会使人由于中毒而出现动作失调；生物性污染将对人造成某种感染而失去原有的体力；过分狭窄的场所使人难以按照安全规程正常地作业；过紧迫的时间会使人因来不及按部就班地操作而违章等。显然，不适当的生产环境本身就是促成人的不安全行为的重要原因。

4. 违章违纪现场管理

在生产现场，作业行为是否安全是以安全操作规程和劳动安全纪律为标准的。因此，不安全行为主要表现为作业者违反安全操作规程、违反劳动安全纪律及生产管理者违章（包括违反安全生产纪律）指挥。违章指挥的结果又必然造成作业者失误，因此，违章违纪是构成不安全行为的主要内容。

每次违章违纪并不是必定会发生事故，这就给人造成一种错觉，好像事故是偶然的，违章违纪并没有什么危险。其实不然，统计表明，绝大多数事故，都直接或间接地与违章违纪相关，这就是违章违纪与事故的必然性及规律性联系。

对违章违纪的现场管理，可以从以下三个方面考虑：

（1）严格控制管理者的违章指挥。生产管理者违章指挥是构成员工随机失误的主要原因之一，并且具有鼓励有意识不安全行为（违章作业）的效应。

（2）严格执行奖惩制度。奖惩机制能有效地推动人们主动提高对安全价值观和行为规范的认同感。违章违纪的奖惩主要体现为对险兆事件执行"四不放过"制度：对于制止违章违纪避免险兆扩大的行为给以重奖；对于频发险兆事件的人给以重罚，做到防微杜渐、治小防大。

（3）建设企业安全文化。企业安全文化建设包括职工安全文化素质建设及企业安全文化氛围建设两个方面，职工安全文化素质是建设企业安全文化氛围的基础，企业安全文化氛围又是推动职工安全文化素质建设的动力。

**四、遵章守纪管理**

遵章守纪是一种自我约束能力的体现，一个人的自我约束能力，产生于他对那种行为的价值观念，即行为动机。遵章守纪是一种品质，这种品质的形成既有技术方面的作用，也有法制方面的作用；既有文化方面的作用，又有管理方面的作用；既需要个人努力，又需要群体帮助；既需要干部对工人进行指导，也需要工人对干部进行监督。可见，做到遵章守纪不是一个简单的方法问题，而是一项涉及面很大的系统工程。这项系统工程，主要由两个部分构成；一是建立一系列的管理制度；二是组织一系列的实施管理。

1. 建立规章制度

安全规章和纪律是前人用血的教训换来的，因此，职工必须清醒认识到，违章违纪就是走向引发事故造成伤亡的危险道路，难免不测。不论是作业者违章违纪，还是管理者违章指挥，都是对风险估计错误而形成的错误行为。因此，约束职工遵章守纪的关键是对遵章守纪的正确认识，只有科学的认识，才会有科学的态度，才能克服侥幸心理，才能自觉地约束自己遵章守纪。

遵章守纪的管理制度，可大致归纳为以下六个方面：

（1）建立严格的安全作业规章及劳动纪律，包括生产指挥人员的遵章守纪管理制度和作业人员的遵章守纪管理制度。

（2）对新上岗的职工和干部要进行严格的训练和考试，不达到要求不能上岗；已上岗的职工和干部出现违章违纪时必须下岗重新训练，考核合格后才能再上岗。

（3）完善遵章守纪的教育培训制度，具体包括：安全规章、纪律的教育及实地训练，遵章守纪意识能力的教育及在生产中实施培养。

（4）建立事故风险共同承担机制，既实行风险抵押，又实行严格的奖惩，使"遵章守纪"的安全生产原则成为工人和干部的行为准则。

（5）建立企业安全文化，构筑起安全第一价值观念和行为准则，使每名职工和干部都能自觉地用安全第一的生产思想、安全第一的技术能力、安全第一的生产指挥原则、安全第一的协作精神规范自己的行为。

（6）建立对作业现场违章违纪进行检查、评比、公布制度，形成强有力的群众监督机制。

2. 遵章守纪个人管理

遵章守纪首先是靠每名职工自觉地去执行，而不能靠他人监管，因为安全员不可能每时每刻都在每一个生产现场，班组长也不可能每时每刻都能照顾到每一名工人。管理是一种约束，约束的根本目的就是提高每一个人遵章守纪的自觉性。因此，一个企业安全管理的效果，可以用这个企业干部和工人遵章守纪的自觉程度来衡量。个人对遵章守纪的自查自管能力就是这种自觉性的典型表征。

个人自查自管的主要方法是用遵章守纪检查表，根据每个人的作业特点及每个人习惯性违章违纪的特点，自己制订遵章守纪检查表。检查表中每一项都应具有序号、项目、检查结果、改进办法等栏目。

一般应每天自查，每周作一次改进结果的总结，在小组会议上报告。还可以动员家属参与职工遵章守纪自查自管，将本岗位可能发生违章违纪的条款印发给家属，或者放映违章肇事的录像让家属收看，动员家庭成员经常提醒职工检点自己的行为，并对违章违纪行为给予帮助。这种做法既可以提高职工自查的觉悟，又可以提高改进的速度。

3. 遵章守纪班组管理

现代工业生产及管理本身就是一种集体配合作业的过程，每一个工作者都是集体中的一员，作业的内容又是与大生产系统紧密相关的，是大系统中的一部分。每一个人的成败，每一道工序的成败，都将关系到整个生产安全有序运行的程度。在现代生产系统中，如果有一个人不遵章守纪，就会干扰集体的作业安全，他的行为暴露在集体面前，自然会引起集体的反对和劝阻。这种反对和劝阻既是一种控制力，又是一种形成自觉性的推动力。为了充分发挥这种自发的集体监控力量，在生产中可以有组织地建立起明确的互控机制，以提高这种互控效果。

（1）班组管理的通用方法：

1）班组成员轮流安全值周。班组成员轮流值周是一种民主管理，能够调动集体成员责任感的方法，也是一种培育班组成员安全意识，实现安全文化建设的有效方法。

班组成员轮流值周，就是班组的所有成员，依次分别轮流担任一周的班组安全员，每天班组会由班组值周安全员主持，进行几分钟的班组成员遵章守纪讲评，开展自查互查相结合的群查活动。在生产过程中发现班组成员有违章违纪行为时，班组安全员应立刻提出纠正意见，情况严重的，造成事故险兆的，应按照"四不放过"的原则组织集体讨论，提高认识，找出原因，定出措施，吸取教训，防微杜渐。

2) 安全员承担班组安全工作。安全员要做到：使班组中每个成员都了解本班组工作的性质及危险因素、本班组作业现场存在的有害因素；使每个成员掌握事故防范措施及救援技术。要建立起班组中每个成员与安全员遵章守纪联保制度，班组中有一人违章违纪安全员联罚。

(2) 班组管理的常用方法：

1) 呼唤应答。规定在两人以上配合作业中，每一次对信息的确认，每一项重要操作的开始，每一个重要情况的处理，事先都要由主担任者唱述，或者敲出规定的音节，也可以配合规定的手势或灯光信号，然后由合作者复述，两人（或多人）同时确认之后才能执行。如果其中有一人失误，将会被他人纠正。这种方法在多人操作的控制室，在多人配合的检修作业中，都起到了很好的效果。

2) 互保对子。将同时从事相关联作业的人建立互保安全的"对子"，一般是两人互保，也可多人互保，一人违章违纪将由互保者共同承担责任。因此互保者既是对方遵规守纪的监护人，也是对方遵章守纪的保证人。

3) 建立群查记录卡片库。每张卡片都写有一条安全规章或安全作业纪律的内容，并印有供记录违反该项内容的登记表格。班组每日群查时，对号记入每次违章违纪的事例，并按卡片组织班组成员学习该项条款；无违章违纪事件时，可请几名班组成员每人抽取一张卡片，然后讲出该项条款的内容，让大家一起讨论，或对该卡片上记录的曾经发生的事故案例进行分析，引以为戒。

4）悬挂遵章守纪图表。将本班组遵章守纪的主要内容或违章违纪的主要表现拍成照片，或画成漫画，并附简要的说明，连图片一起装裱，挂在班组的墙上，作为班组群查时讨论的依据，既可以具体分析违章违纪的发生过程及发生的状况，也可以作为班组学习的教材。

**4. 遵章守纪车间管理**

车间是企业生产中具有独立生产功能的系统，也是企业安全管理中具有独立功能的系统，职工及管理者遵章守纪是车间安全功能的重要保障。因此，在车间管理工作中，对职工及管理者遵章守纪管理是车间管理工作中的一项重要内容。

遵章守纪车间管理，一是要建立正规的制度，二是要建立科学的方法。遵章守纪管理制度及方法主要包括以下三个方面的内容：

（1）违章违纪信息搜集。车间中对违章违纪信息的搜集有以下两种方法：

1）连续搜集法。由安全员随时搜集和记录职工及管理者的违章违纪事件，其要点是：安全员及时填写遵章守纪情况记录卡片，并进行统计整理。

2）抽样搜集法。其做法是：安全员每日进行抽查，每次抽查时按时按事对被查者做违章违纪的记录，并对记录进行统计整理。

（2）违章违纪信息分析。收集的违章违纪信息是动态的，每日都有变化，因此对信息的分析判断也必须是动态的、及时的。对违章违纪信息的分析有以下两个层次：

1）宏观态势分析。主要包括：分析违章违纪发生的特点及分布规律，例如，职工及管理者违章违纪的百分比以及他们各自的作业时间分布、工种分布、年龄及工龄分布，绘制连续几个月的各种分布变化规律曲线图表；分析违章违纪的原因，例如，设备问题、作业环境问题、人员生理心理素质问题、安全技术问题、安全意识问题、定额计算问题、质量控制问题、奖惩方法问题、家庭及社会生活问题等，进而分析各种原因分布状况及变化趋势；概括出本车间关于违章违纪的各种规律性资料，为制定提高车间遵章守纪的措施及计划提供科学的依据。

2）微观结构分析。违章违纪微观结构分析的目的是详细地分辨每个班组以至于每一个工种（特别是违章违纪频率较高和造成事故险兆的班组及工种）发生违章违纪的原因结构。违章违纪的原因很多，但是对于每个班组及每个工种必然有各自的特点，必须分析出造成该班组及工种违章违纪的主要原因结构，为有针对性地制定防范措施提供依据。因此，对信息的分析不能写些笼统的、模糊的结论，一定要具体到可以落实改进措施的程度才算完成分析。

（3）违章违纪控制措施：

1）制定改进方案。改进方案的内容主要是消除可能产生违章违纪的客观原因，主要包括：

①人机界面设计不合理，不符合使用方便、生产高效、环境宜人的原则，这是引发违章操作的一个重要原因。常见的问题有：人机界面设置的操作顺序不符合实际需要，使操作者常发生误操作；工具使用不方便，过于笨重、不适合手形，严重降低生产效率，甚至工具本身常造成事故险情；人机界面过于复杂，使操作者负担过重，很快产生疲劳，或者人机关系过于简单，很快感到单调等。

②作业环境不适，如物理或化学环境使人难以忍受，操作者急于完成操作，想尽快避开这种环境；物理或化学环境超过人的承受能

力，而操作者又长时间身处这种环境之中，造成生理及心理承受能力严重下降；作业空间过于窄小，难以按规程作业，或者作业时间过于紧迫，难以按正常程序作业等。

③生产管理指挥不善，如生产组织不当，产生人际纠葛、配合不顺等；生产管理不当，计件或定额不合理、奖惩不合理等；违章指挥，管理者素质与系统要求不匹配，强令职工冒险作业、无证上岗等。

2) 制定控制措施。经过对违章违纪信息的分析，提出改进措施计划之后，还必须落实对人员控制的具体方法。不论是职工还是管理者，都必须对违章违纪行为加以纠正，必须在生产作业及作业指挥过程中，建立纠正违章违纪的实时控制制度。实时控制制度包括以下几项基本内容：严重违章违纪实时纠正登记制；每月出现一次以上的轻伤及险兆事件频发者的违章违纪重点监控管理记录制；互保对子失去相互帮助作用，反而相互隐瞒从事违章违纪行为，或一起从事违章违纪行为的制裁制度；建立职工与管理者制止违章违纪的奖励制。

# 第四节　安全文化建设

## 一、安全文化建设的意义和内容

在说到企业安全生产的时候，有这样一个问题无法回避，安全规程不能被严格执行。在生产作业中，不少人对爱惜生命缺乏自觉性，导致事故的发生。在科技迅猛发展的今天，仅靠传统的安全管理方法，很难形成人人关心安全的良好环境。因此，应当大力开展安全文化活动，提高全体职工的安全素质，通过以人为本的安全管理，建立可靠的安全体系，这样才能全面提升企业安全生产管理水平，切实保障职工在劳动生产过程中的安全与健康。

1. 安全文化建设的意义

所谓安全文化，是企业在安全生产实践中，经过长期积淀，不断总结、提炼形成的为全体职工所认同的安全价值观和行为准则，是尊重人的生命权利、实现人的价值的文化，是以人为本的根本体现。它能使企业领导和职工都纳入集体安全情绪的环境氛围中，产生有约束力的安全控制机制，使企业成为有共同价值观的、有共同追求的、有凝聚力的集体。如果把安全比作企业发展的生命线，那么安全文化就是生命线中供养的血液，是实现安全的灵魂。

（1）安全文化建设是以人为本的"折射镜"。在安全管理中，人是第一要素，在安全生产中起着决定性作用。从各类安全事故中可以看出，安全意识淡薄、"习惯性违章"的人为因素占事故发生率的绝大部分。因此，杜绝人的不规范行为是安全管理的重要环节。安全文化建设就是通过各种载体、手段或有效形式，把先进的管理理念、安全技能，潜移默化地影响到每一个职工，使安全思维和安全意识深入职工的内心，从而促使职工队伍素质整体提高，实现人人参与安全管理，人人都是安全员，从根本上消除安全隐患，纠正习惯性违章，确保安全操作规程的落实。

（2）安全文化建设是推进企业安全管理工作的"催化剂"。安全文化建设的程度，直接反映企业安全生产管理的水平，而扎实有效地搞好安全文化建设，对企业安全生产局势的稳定有着不可或缺、举足轻重的作用。与此同时，安全文化建设有利于安全管理工作的有效实施。安全文化建设增强了职工的安全意识，企业上下、方方面面，都会从安全的愿望出发，审视周围的安全环境，主观上要求得到安全保障，也就容易发现和提出安全管理方面存在的不足和问题，从而全面推进企业安全管理工作的不断创新和改进。

2. 安全文化建设与安全管理的关系

（1）安全文化建设是安全管理的重要组成部分。安全管理是一项复杂的系统工程，是需要职工全员参与的动态管理过程。建设企业安全文化，营造"关注生命、关注安全"的舆论氛围，对推动安全管理将产生不可估量的积极作用。另外，安全文化对职工产生影响的过程是一个潜移默化的过程，利用安全思想意识指导行为，达到安全操作的目的。

（2）安全文化是安全管理的基础。现代安全管理的任务是为了人，即管理的目的是以人为本。其主要手段是对人的不安全行为进行控制，在人—机—环境系统中，人的行为及其作用取决于反映该系统各部分状态的诸种因素。从安全文化来讲，与"机—环境"有关的安全物质文化，主要表现为企业的安全条件，即"硬件"建设；而与"人"有关的安全精神文明和安全行为文化，主要表现为人的安全技能和约束机制，即"软件"建设。因此，控制人的不安全行为必须从这两方面着手。

3. 安全文化建设的内容

安全文化是安全价值观、信念、道德、理想、风气、行为准则的复合体，是安全观念和安全行为准则的总和，它是社会文化的一个组成部分。企业安全文化是指企业职工在预防事故、抵御灾害、创造安全文明工作环境的实践过程中所形成的物质和精神财富的总和。而班组安全文化是指班组在企业安全文化的基础上，在市场经济的新形势下，对"安全"这个关系到企业声誉及自身安危的具体问题，通过班组成员的各种认识实践、活动实践和自我完善实践，逐步形成的一种潜在的文化。

安全文化包括安全观念文化和安全行为文化。安全观念文化是对安全活动、安全行为、安全环境、安全标准、安全原则、安全实现条件等的基本态度和观点的总和。人们在生产过程中，所具有的特定的安全观念，导致不同的安全认知和态度，从而影响着对安全的规划、决策、管理和指挥。安全行为文化是指企业职工受意识、观念、态度等认识影响，在生产中表现出来的安全行为方式和形式，具体表现为安全思维、安全学习、安全指挥、遵守规章、应急行动、安全操作、安全组织性和纪律性等安全活动。

安全文化建设的具体内容如下：

（1）安全生产方针政策、安全法律法规、安全规程制度。

（2）安全意识、安全道德。

（3）安全教育。

（4）现代安全管理。

（5）安全措施、安全减灾。

（6）安全效益。

（7）安全环境。

**4. 安全文化建设应具备的素质**

（1）安全员应具备的安全文化素质：

1）具有强烈的安全意识。包括以下内容。

①人本意识。重视人的价值，尊重人的生命，以职工的生命和健康为重，把"安全第一，预防为主"作为企业生产经营活动的首要价

值取向，防止重生产、轻安全、重效益、轻投入的思想。

②法制意识。掌握安全生产方针政策，遵守法令法规，不断学习企业有关的安全制度、措施，并结合企业实际认真贯彻和落实。

③创新意识。不断掌握安全工程新技术，密切关注企业安全管理的成功经验和新方法、新思路，积极推行先进的安全管理经验。

2）刻苦钻研业务，具备管理能力，积极推广和应用现代管理的新技术、新办法，推进班组安全管理制度化、规范化、科学化。

3）不断完善班组各项安全生产制度，并督促落实。对安全工作认真负责，不做表面文章。

4）不断探索安全教育的模式和有效途径，提高安全教育培育的质量和效果。

（2）操作者的安全文化素质：

1）有较高的安全需求，珍惜生命，爱护健康，做到不伤害自己、不伤害他人，不被他人所伤害。

2）有较强的安全意识，有"安全为自己"的观念，上标准岗，干标准活，按程序、措施操作，不违章指挥、违章操作，不冒险蛮干；能够拒绝违章指挥，制止违章操作，做到隐患不排除不生产，措施不落实不生产，不安全不生产。

3）有较多的安全知识，能够掌握与自己工作相关的安全技术知识和安全操作规程。

4）有较强的安全技能，熟练本岗位的安全操作技能，熟知岗位存在的危险因素和识别办法。

5）有较强的纪律性，能够遵守有关安全生产的规章制度和劳动纪律，并能长期坚持。

6）有良好的应急能力，遇到异常情况，果断采取措施，把事故消灭在萌芽状态或杜绝事故扩大。

**二、安全文化建设的方法和途径**

1. 安全文化建设存在的误区

安全文化能以寓教于乐的形式和手段增强职工的安全意识，规范职工的安全行为，提高职工的安全素质，是促进企业和班组安全生产的重要途径。但目前在企业安全文化建设中还存在种种错误思想和做法，特别在车间、班组中，这种误区十分严重。

（1）思想认识上的误区：

1）认为车间、班组只要按照上级的要求，抓好日常安全管理工作就行了，抓安全文化建设是多此一举，没有多大必要。这种认识是没有看到安全文化建设对车间、班组日常安全管理工作的指导作用。因为通过班组安全文化建设，可以营造安全氛围，增强职工的安全观念，把安全作为生活与生产的第一需要，自觉地保护自己和他人；可以牢固掌握应知应会的安全知识，学会安全技能；可以创新班组日常安全管理工作。由此可见，加强安全文化建设与抓好车间、班组日常安全管理工作是一致的。

2）认为抓安全文化建设是上级领导和机关的事，与车间、班组关系不大。这也是一种错误的认识。显然，在企业安全文化建设中，上级领导和机关负有重大的责任，但这不等于说班组负有的责任可以放弃或减轻。因为企业安全文化建设的基本要求，归根到底要落实到车间、班组，落实到每个职工，只有班组的安全文化建设不断加强，整个企业的安全文化建设才会有牢固的基础。并且安全文化建设具有层次性的要求，只有破除"上下一般粗"的做法，形成各自的特色，才能保持企业安全文化的生机与活力。

3）认为安全文化建设只是抓虚的，不是抓实的，是物质条件不足以精神来补，这也是错误的。安全文化即人类安全活动所创造的安全生产和安全生活的观念、行为、物态的总和，它包括安全精神文化和安全物质文化。车间、班组必须坚持两手抓，两手都要硬。一手要抓安全精神文明建设，向职工灌输安全理论，增强他们的安全观念，组织职工学习安全技术知识和安全规章制度，提高职工的自我防护能力，规范职工的安全行为；另一手要抓安全物质文化建设，配齐劳动防护用品、安全工器具，完善各种安全设施，改善作业环境。可见，加强安全文化建设，不仅要务虚，而且要务实，应使安全精神文化与安全物质文化共同进步，协调发展。

4）认为安全文化建设这个题目太大，应达到什么标准不好把握。实际上加强安全文化建设的标准与日常安全管理工作的标准是一致的。比如，在安全目标上，应实现控制未遂和异常，实现事故零目标；在安全教育上，应实现教育内容、时间、人员和效果的四落实；在安全防护上，应做到劳动防护用品、用具齐全；在作业环境上，应实现隐患和危险处于受控状态。同时，要坚持改革和创新，不断总结经验，努力探索加强安全文化建设的新做法。

（2）实际工作中的误区：

1）只注重宣传，不注重内涵。认为安全文化建设就是安全宣传教育活动，或职工在安全生产方面的豪言壮语和文体活动，而不从物质层、制度层、精神层三个方面进行安全理念、安全价值观的培育。抓不住安全文化建设的内涵，就不会取得好的效果。必须按照安全文化的本质要求，结合企业实际，并借鉴国内外安全文化建设的成功经验，从被动的、经验的安全管理转向主动的、系统的、科学的安全管理。

2) 只注重硬件投入，不注重具体活动的开展。安全文化建设需要硬件投入，但仅有硬件投入绝对是搞不好安全文化建设的，必须把着力点放在规范职工安全生产行为上，通过各种安全教育培训、安全质量标准化、现代安全管理方法的推广和运用，把法规要求、技术规范、操作规程、纪律约束、岗位责任等融合于岗位生产活动中，塑造作风硬、技术精、爱岗敬业、遵章守纪、操作规范的职工队伍。必须坚持以人为本，通过人性化教育，使广大干部高度重视人的生命权和健康权，培育职工自觉、自律的安全职业道德和作风，杜绝人为事故的发生。

3) 只注重形式，不注重实效。安全文化建设是形式与实效的统一，形式仅仅是条件和手段，实效是最终目的。要突出重点，把握关键，在完善和落实安全生产规章制度上下工夫，在安全理念、安全价值观的培育上下工夫，在规范职工安全生产行为上下工夫，使各项安全生产管理制度达到固化于制，安全理念、安全价值观达到内化于心，安全生产基本设施、安全生产基本条件达到外化于形。通过安全文化建设，提高职工的安全意识，规范职工的安全行为，及时消除安全隐患，提高设备设施的安全性能，杜绝事故的发生。同时，用安全效果、安全质量标准化成果来检验安全文化建设所取得的成效，看职工的安全意识有没有明显增强，"三违"现象有没有得到有效的控制，各项制度措施有没有得到很好的落实。

2. 安全文化建设的思路

（1）基本思路。安全管理面临的是一个复杂的系统，只有对这个系统有了比较清楚的了解，对系统中每个过程有了准确的识别，明确了彼此之间的联系，才能比较确切地掌握这个系统运转的规律，以便采取有效办法，使系统运行达到最佳状态，安全才有保障。从广义和普遍意义上来讲，安全管理面临的是一个人—机—环境的复杂系统，是对人—机—环境的综合协调和运用；从系统过程来讲，行业不同系统过程有着较大的差异。把这种人—机—环境的协调和运用，结合行业的特点，应用系统思维的方法，总结长期的生产实践中形成的精神的和物质的财富，经过提炼、加工并创建成为安全文化，把安全管理上升为安全文化，在职工中进行广泛的宣传和教育，并在实践中不断地总结、完善和提升，如此长久持续下去，变被动管理为主动管理，变事后管理为事前管理，变传统管理为科学管理，变随机管理为规范管理，就会产生长久的安全效应。

对人而言，就是要采取最有效的方法，提高人的安全意识，牢固树立安全第一的思想，树立安全、健康、环保的安全工作理念，学习规范标准，规范行为，遵章守纪，树立良好的职业道德，熟练掌握自己应有的业务技能；对机而言，就是要不断提高设施、设备的安全性能，提高工作环境的适宜性和舒适性，使得人机达到一种最完美的结合，最大限度地实现人机之间的相互需求，同时要处理好安全和效益的关系；对环境而言，就是要创造宽松的安全管理的人际关系，最大限度地发挥人的主观能动性，营造安全文化氛围，使安全工作不再是单纯的枯燥的简单劳动，同时要创造成一个健康环保的工作环境，实现人、机、环境三者的完美结合。

安全文化在某种程度上讲，是系统、规范、科学的安全管理，只要安全文化在班组创建起来，有效应用，并持续下去，才能产生长久的安全效应。

（2）把握影响安全文化建设的因素。安全文化建设是一个契机，是一切生产、生活活动的基础。如果把班组比作人，安全文化建设就是人身的血液与灵魂。因此要搞好安全文化建设，就必须抓住这个"灵魂"，充分考虑影响安全文化建设的因素，并把握住这些因素。

1）组织保证。企业领导要高度重视，为安全文化建设创造条件；车间领导要大力支持，为安全文化建设出谋划策；安全部门要具体指导，为安全文化建设提供帮助。要从组织上为安全文化建设顺利进行提供可靠保证。

安全员的职责是组织率领班组成员，以提高和改进生产过程中的安全可靠性，团结全班组人员，共同建设班组安全文化。以班组长、安全员、技术员为核心的班组安全组织，在安全生产中担任着重要角色，起着表率、监督、检查、指导的作用。这种既分工又合作的班组安全管理结构为安全文化建设奠定了基础。

2）素材源泉。营造良好的学习氛围，是搞好安全文化建设的重要环节。班组不仅是完成任务的实体，也是孕育企业文化的细胞。班组成员在实际操作中的成功经验、失败教训、亲身感悟、点滴体会是形成安全文化的素材与源泉。安全员要注意把职工表现出的对事故的态度、事故分析得出的原因、挖掘意识收到的成果、总结利弊得到的启示和经验，通过归纳提炼为安全文化理念的结晶。

3）个性特征。安全文化建设具有广泛的群众性、普遍的实践性、科学的指导性，朴素实在、可塑性大、前瞻性强，带有良好的希望和祝愿，具有较高的法律基础和技术水准，能体现职工的文化、技术水平、安全意识，反映职工的工作性质、个性特征。

4）意识理念。安全文化建设是通过动员职工人人讲安全、个个想安全、说身边的人、写身边的事，开展安全评估、危险点排查、事故原因分析、生命价值讨论等活动，让职工认清"安全源于警惕、事故出于麻痹"，认识到发生事故对己、对人、对家庭、对企业、对国家不利的道理，不断由浅入深形成安全文化理念。安全员要在实际工作中细心观察职工，注意从感动上寻思、伤感上找源，在引导职工吸取教训、制定防范措施的基础上，按照短、明、快的要求形成安全文化格言、警句、诗歌、顺口溜，绘制安全标志、图案强化职工的安全意识，牢固构筑职工安全思想防线。

5）思路创新。安全文化建设是一个动态过程，受到职工文化结构和素质的制约和影响，并随着科学发展而发展、技术进步而进步、工艺变化而变化，只有与时俱进、创新发展、丰富内涵才能保持顽强的生命力和完整的个性特征。

3. 安全文化建设的途径

（1）树立安全价值观，培养安全行为。长期以来，在安全生产工作中的一个顽症就是"严格不起来，落实不下去"。要解决这一问题，关键在于建立包含思想认识、理念意识、行为习惯等内容的安全文化。首先，要培养以团队精神为主的安全价值观，使安全意识渗透到每一个职工生产、生活的方方面面，使职工主动避免不安全的行为，自觉关注自身和他人的安全，营造安全、文明的生产和工作环境。第二，要培育"预防管理"的文化氛围，即鼓励全体员工主动发现安全隐患，报告安全问题，提出安全建议，防范事故于未然。第三，要强化职工的安全生产主体意识，使他们真正认识到"安全生产，人人有责"。

（2）把安全文化融入现场管理全过程。安全文化的建设，很大程度上取决于各种安全理念是否能与企业管理有机渗透和融合。生产工作是否安全可靠，首先表现在生产现场，现场管理是安全管理的出发点和落脚点。职工在企业生产过程中不仅要同自然环境和机械设备等做斗争，而且还要同自己的不良行为做斗争。因此，必须加强现场管理，搞好环境建设，确保机械设备安全运行。同时要加强职工的行为控制，健全安全监督检查机制，使职工在安全、良好的作业环境和严密的监督、监控管理中，没有违章的条件，杜绝人为因素发生。为此，要搞好现场文明生产、文明施工、文明检修的标准化工作，保证作业环境整洁、安全。规范岗位作业标准化，预防"人"的不安全因素，使职工做标准活、放心活、完美活。

（3）坚持开展丰富多彩的安全文化活动。开展丰富多彩的安全文化活动，是增强职工凝聚力，培养安全意识的一种好形式。因此，要广泛地开展认同性活动、娱乐活动、激励性活动、教育活动；张贴安全标语、提出合理化建议；举办安全论文研讨、安全知识竞赛、安全演讲、事故安全展览；建立光荣台、违章人员曝光台；评选最佳班组、先进个人；开展安全竞赛活动，实行安全考核，一票否决制。通过各种活动方式向职工灌输和渗透企业安全观，取得广大职工的认同感和荣辱感，形成统一的安全意识和行为。

（4）实现班组安全管理规范化。人的行为的养成，一靠教育，二靠约束。约束就必须有标准，有制度，建立健全一整套安全管理制度和安全管理机制，是搞好安全文化建设的有效途径。首先，要健全安全管理制度，让职工明白什么是对的，什么是错的；应该做什么，不应该做什么，违反规定应该受到什么样的惩罚，使安全管理有法可依，有据可查。对管理人员、操作人员，特别是关键岗位、特殊工种人员，要进行强制性的安全意识教育和安全技能培训，使职工真正懂得违章的危害及严重的后果，提高职工的安全意识和技术素质。严格各项管理制度，严明奖罚，营建个人的安全观，健康的职业道德，形成良好的价值取向。

4. 安全文化建设的方式

（1）运用传统有效的安全文化建设手段。坚持开展行之有效的安全培训教育和安全活动，如"三级教育"、特殊工种的培训教育、检修前教育、开停车教育、日常安全教育等；岗位工人必须持证上岗；开展班前安全活动、"三不伤害"活动、"5S"活动；开展安全竞赛、安全演讲、事故报告会等活动；实施标准化岗位、创建合格班组活动；定期进行技术练兵。还要开展多种形式的安全宣传，如设置安全宣传墙报、张贴安全标语、悬挂安全旗、设置安全标志（如警告标志、禁止标志、指令标志和指示标志等）、悬挂事故警示牌等。

（2）推行现代化的安全文化建设手段。在安全文化建设中，企业不断探索出适合自身安全文化建设需要的现代化手段，如班组建家；"三群"（群策、群力、群管）对策，"三防管理"（尘、毒、烟），"三点控制"（事故多发点、危险点、危害点），"四查工程"（岗位、班组、车间、厂区）；事故判定技术，危险预知活动，"仿真"（应急）演习；安全风险抵押制；家属安全教育等。

综上所述，搞好安全建设始终是企业加强基层安全管理工作需要探索和实践的一个重要课题。安全建设要源于实践，根据企业的实际情况，找准自身安全建设的难点和重点，不断探索，不断改进，求实求新。除采取行之有效的管理方式和管理方法外，还要不断改善生产作业环境，督促企业在发展生产的同时，不断完善职工的劳动安全卫生条件。

### 三、安全文化建设经验介绍

很多企业能够针对新情况，研究新问题，探讨新方法，提出加强安全文化建设一系列新思路、新举措，并以此为突破口，有效地推动安全文化建设。

1. "12345"安全文化建设工程

以"一严"为特征，"两抓"为重点，"三项工作"为途径，"四个规范"为核心，"五个开展"为动力的"12345"安全文化建设工程。

（1）一严。

一严："严字当头"：严格组织领导、严格科学管理、严格执行标准、严格要求员工、严格考核标准、严格工艺纪律。

目的：形成以从严求实为内涵、认真和严格为特征的思想作风和工作作风。

支持手段：检查、考核、奖惩标准。

要点：

1）建立企业安全文化领导小组，形成安全管理机构。注重"机构"作用的发挥，制定相关的管理文件和保留相关的活动记录。

2）针对工作绩效建立"检查、考核、奖惩"标准，和效益工资挂钩，针对劳动纪律和工艺纪律建立奖罚制度，实行重奖重罚。

3）层层签订"安全工作责任书"，做到科学细化、可控可考，把安全工作目标落实到基层、落实到岗位、落实到个人，严格兑现，不说空话。

（2）两抓。

两抓：抓设备管理、抓现场管理。

目的：提高设备和工作场所的安全性，优化工作秩序，让职工在安全、优美的环境中工作。

支持手段：现场"点、线、面"管理。

要点：

1）做好设备的日常维护工作，结合实际，制定设备检查标准，内容要具体，具有可操作性，并不断地修改和完善。使设备始终保持清洁，并正常运行，达到行业规定的设备完好标准。

2）搞好"点、线、面"的现场管理。"点"看设备，即要求设备无锈蚀、清洁、转动灵活、标识标牌清晰；"线"看程序，即每道作业程序衔接严密，上道程序为下道程序服务，不同班组之间工作责任明确，有章可循；"面"看管理，作业环境整洁，各项管理有序，警示标牌醒目，员工积极向上。

3）建立健全设备档案资料、技术资料、设备台账、设备维修手册，并对设备的小修、大修、报废进行全面跟踪管理。

（3）三项工作。

三项工作：安全教育、业务学习、安全检查。

1）安全教育：

目的：增强职工安全意识和"安全、健康、环保"的理念；树立以人为本、珍惜生命，善待人生的安全人生观和安全价值观；激发员工积极、拼搏、向上的工作热情。

支持手段：做好安全教育记录。

要点：

①班组每月一次专题安全教育，法定长假、大型活动、特殊时期进行专题安全教育，建立格式化的安全教育专项记录，有要求、有防范措施。

②根据本行业特点规定安全教育的内容，采取丰富多彩的安全教育形式。内容一般包括：上级的指示和要求，安全目标、"三违"现象的教育和防范，联系周边的人和事以及相关的安全防护知识。

③抓住有利时机进行现身说法教育。

2）业务学习：

目的：使职工熟练掌握相关的国家和行业的规范标准，对本单位的规章制度，理解正确，执行准确，熟练掌握本岗位的操作技能。

支持手段：开展岗位练兵活动。

要点：

①班组每周一次业务学习，制订学习计划，建立格式化的业务学习专项记录。

②提高职工业务素质的三个层面：企业负责职工的专业培训、班组负责职工的业务学习、职工个人自我充电。

③采取丰富多彩的业务学习形式，例如，由安全员出题，然后每人给出解答，最后由出题人讲解正确答案等。

3）安全检查：

目的：在生产过程中，进行有效控制，排除现场隐患，持续改进。

支持手段：做好安全检查记录。

要点：

①规定各项安全检查的周期，根据安全检查单和考核标准进行定

期检查和定期考核，一般分为安全检查员每日巡视检查、班组周检查、职工日检查。

②建立真实可靠的安全检查专项记录，使用安全检查表、整改通知单、纠正措施报告及跟踪验证报告为一体的安全检查档案。

③确保安全检查和考核同绩效工资挂钩，提供真实的考评记录。

（4）四个规范。

四个规范：规范的质量记录；规范的质量管理体系；规范的行为；规范的检查、考核、奖惩标准。

目的：以规范和标准为统率，以规章和制度为准绳，规范职工行为；以严谨的工作态度，把安全管理工作建立在科学管理的基础上，追求长久安全效应。

1）规范的质量记录：

支持手段：质量管理体系。

要点：

①按照 ISO 9001 质量管理体系建立质量记录，该说的要说到，说到的一定要做到，做到的一定要有记录。

②建立记录的数量要适宜，不能太多，保证记录的单一性；也不能太少，保证事件的可追溯性。

③记录填写要真实可靠，应在现场填写的记录不能追记，保持记录的适时性，不能涂改（要涂改必须加盖印章），保持记录的真实性。质量记录由专人负责存档。

④开展质量记录填写的评比活动，促进质量记录的规范化。

2）规范的质量管理体系：

支持手段：规范质量记录。

要点：

①制定适宜的质量方针和目标，质量方针和目标一定要切合实际，目标要量化，可操作性要强。

②认真做好过程识别，掌握过程控制点，建立配套的作业指导书。

③抓好过程控制，充分发挥安全检查在控制过程当中的作用，做到整改通知、纠正预防、跟踪验证、考核奖惩为一体，控制好每一个过程和环节。

3）规范的行为：

规范的行为：操作要规范，衡量有标准，办事有章法，行为要负责，管理要科学、制度化。

支持手段：严格执行行业规范标准。

要点：

①职工对本岗位的规范标准、操作规程、作业指导书、规章制度熟练掌握，准确执行。

②严格按"检查、考核、奖惩"标准进行考核。

③对有"三违"现象的人，应立即停止工作，下岗学习，重新考核上岗。

4）规范的检查、考核、奖惩标准：

支持手段：遵循企业规章制度。

要点：

①标准的制订要符合以下原则："一严"为特征的原则，可操作性原则，激励性原则，公平性原则，上下一致性原则，科学性和先进性原则。

②标准的执行要通过广泛讨论，听取职工意见，建立在自愿的基础之上，达到自我约束的效果。

③不能以行政处罚制度代替"检查、考核、奖惩标准"，检查、考核、奖惩标准要能全面反映职工的工作绩效（工作的数量和质量），是绩效工资发放的依据。

（5）五个开展。

五个开展：开展"十个一"活动；开展杜绝"三违"活动；开展构筑"五道防线"活动；开展岗位练兵活动；开展"争先创优"活动。

目的：激发职工的工作热情，提高职工的工作质量，强化职工的安全意识，检验安全工作的成效，表彰先进，鞭策后进，创造浓厚的安全文化氛围，使生产建立在安全、健康的基础之上。

1）开展"十个一"活动：

内容：读一本安全生产知识的书；提一条安全生产建议；查一起事故隐患或违章行为；写一条安全生产体会；做一件预防事故的实事；看一场安全生产录像或电影；接受一次安全生产知识培训；记一次事故教训；当一周安全检查员；开展一次安全生产签名活动。

支持手段：党政工团组织。

要点：

①当一周安全检查员为突破点口，安排每位职工当一周安全检查员，真正在岗一周，履行安全检查员的职责，促进"十个一"活动的开展。

②建立格式化记录，职工在当一周安全检查员后，必须完整地填写，由班组长审核验收和签字。

③定期总结，不断提升。

2）开展杜绝"三违"活动：

内容：发动群众查找违章作业、违章操作、违章指挥的现象和事件。

支持手段：发动全体职工。

要点：

①查找本单位发生过或易发生的"三违"现象，列成条款，反复进行安全教育，并制定有效措施。

②教育职工树立互相监督、互相爱护、互相帮助的良好意识，营造互帮、互学、互爱的良好氛围，树立整体安全意识。

③不断提高安全生产与规范标准和规章制度的符合度。

3）开展构筑"五道防线"活动：

内容：建立五道防线，即重点场所、重点设备、重点人员、薄弱环节、特殊时期的工作重点和防范预案，做到安全生产心中有数。

支持手段：开展安全教育。

要点：

①对"五道防线"实行动态管理。在不同地点、不同时期，每道防线的工作重点和防范内容是不同的，比如：重点场所随环境的变化而变化，重点设备随使用年限而变化，重点人员随人员的组成和发生的事件而变化，薄弱环节随作业程序的变化而变化，特殊时期随季节和时间的变化而变化。这五道防线应在不同时期和不同岗位实行动态管理。

②"五道防线"的内容、要求和预案要作为安全教育的主要内容，要将预案和措施落实在相关工作岗位和人员，做到人人皆知，时

时防范，确保安全。

③"五道防线"活动一定要形成文件，并适时地加以更改和变动。

4）开展岗位练兵活动：

内容：旨在不断提高职工的技术水平和规范程度。

支持手段：开展技能培训。

要点：

①为职工创造岗位练兵的环境，并将此项内容列为班组职工技能培训的重要内容。

②新职工和转岗职工必须经过严格训练和考核后，取得岗位证书。

③有计划地经常性地开展岗位练兵活动，利用技术比武等形式，造就技术能手，不断提高职工的业务素质。

5）开展"争先创优"活动：

内容：形成安全生产比、学、赶、帮、超的局面。

支持手段：完善考核奖惩标准。

要点：

①制订创建计划。

②严格评定制度，坚持高标准严要求，宁缺毋滥，不搞平衡。

③设立流动奖牌，连续三年获得上述称号的班组，对其主要领导和有贡献的职工实行重奖。

"12345"安全文化工程，考核权重为："一严"占10%，"两抓"占40%，"三项工作"占10%，"四个规范"占30%，"五个开展"占10%。

2. 班组危险预知活动

（1）危险预知活动介绍。班组危险预知活动是日本中央劳动灾害防御协会于1973年提出"零事故运动"的支柱，目前在亚太地区一些国家和地区的企业广泛推进，效果明显。人们走进开展这项活动的企业，就会感到一股安全文化的气息和氛围，其车间的墙上、黑板以及班组活动场所，到处都标识着作业场所的危险及其控制信息。我国也有一些企业也在开展，如上海宝山钢铁（集团）公司等，已在班组全面推广，企业的伤亡事故得到明显控制，全员安全意识有了很大提高。

危险预知活动是班组开展安全文化建设、查找事故隐患的行之有效的方式，是控制人为失误，提高职工安全意识和安全技术素质，落实安全操作规程和岗位责任制，进行岗位安全教育，真正实现"三不伤害"的重要手段。该活动由班组长或作业负责人主持，利用安全活动时间或班前较短的时间，发动班组成员进行群众性的危险预测预防活动。

危险预知活动分危险预知训练和班前五分钟活动两步骤进行。前一阶段主要是查找危险因素，制定预防措施；后一阶段重点落实预防措施。

（2）危险预知活动内容。通过危险预知活动，应明确以下几个问题：

1）作业地点、作业人员、作业时间。

2）作业现场状况。

3）事故原因分析。

4）潜在事故模式。

5）危险控制措施。

（3）危险预知活动需注意的问题：

1）加强指导。根据危险源辨识结果，拟定班组危险预知活动计划，并将实施结果纳入考评内容。

2）班组长准备。活动前要求班组长对活动的主要内容进行初步准备，以便活动时心中有数，进行引导性发言，提高活动质量。

3）全员参加。充分发挥集体智慧，调动群众积极性，使大家在活动中受到教育。危险预知活动应在活跃的气氛中进行，不能一言堂；应让所有组员有充分发表意见的机会。

危险预知活动分为四个阶段：①发现问题；②研究重点；③提出措施；④制定对策。

4）活动形式直观、多样。班组长可结合岗位作业状况，画一些作业示意图，便于大家分析讨论。

5）做好危险预知活动记录表的审查和整理。预知活动进行到一定阶段，车间应组织有关人员参加座谈会，对活动内容进行系统审查、修改和完善，归纳形成教材，作为班前五分钟活动的依据。

（4）危险预知活动的应用。班前五分钟活动是预知活动在实际生产作业中的应用，由班组长或作业负责人组织从事该项作业的班组成员在作业现场利用较短时间进行安全提示，要求班组成员根据危险预知活动提出的内容，对人员、工具、环境、对象进行"四确认"，并将控制措施逐项落实到人。

# 第四章 班组安全建设

班组安全建设就是班组在企业统一领导下，按照科学规律而开展的一系列提高安全素质和安全管理水平的活动，是企业发展战略的一项重要基础工作。可以说，能否将企业的安全管理工作有效地深入到班组安全建设之中，是大幅度降低企业的伤亡事故发生，实现企业安全生产的关键。

## 第一节　班组安全建设的基础工作

### 一、班组的组织建设

要搞好班组安全建设工作，首要的问题就是要抓好班组的组织建设，它是班组安全管理的组织保证。班组的组织建设是指班组长的选配、班组核心的组成、安全职责与任务的确定等。

1. 选配好班组长

班组长是班组安全生产以及各项安全管理活动的组织领导者和管理者，是率领职工在生产一线工作的指挥员，起着把企业规章制度变为班组成员实际行动的桥梁作用和骨干作用。因此，班组长在班组安全管理工作中起着主导作用。如果没有一个好的班组长，就不能带领班组成员搞好班组的各项管理工作，也不能很好地完成生产任务。可以说，在企业中，承上启下需要班组长，左右协调离不开班组长，班组长岗位是一个至关重要的工作岗位，一个班组能否把安全工作搞好，关键在班组长。

班组长处于"兵头将尾"的地位，既是普通一兵，又是生产前线的指挥官。一个称职的班组长必定是一个既善于做思想工作，又能以身作则的领导者，同时也一定是一个生产业务的能手。班组的安全管理工作是否到位，与班组长自身的素质密切相关。为此，应选择思想好、技术精、懂业务、作风正、干劲足、会管理、有威信的人担任班组长。

2. 巩固班组长在安全管理中的地位

发挥好班组长在安全管理中的能动作用，是一个企业安全管理最基本也是最直接的保证。如何巩固班组长在企业安全管理中的突出地位，让他们发挥出更大的作用，可以从以下几方面考虑：

（1）定期对班组长进行安全知识培训。一是加强安全基础知识培训，如安全健康法律法规、安全规章制度等；二是在巩固基础知识的同时，融入新的知识。因为现代化的企业在飞快发展，一些新的安全技术、新的管理模式不断出现，如果班组长得不到及时的培训，他们的知识就会越来越贫乏，工作中就会力不从心。不断提高班组长的安全意识和安全管理水平，才能使他们适应现代化企业安全管理的要求。

（2）鼓励班组长正确行使自己的职权。上级机构在明确班组长管理职责的前提下，要注意发挥班组长的主观能动性，支持他们合理地行使自己的职权，为班组开展安全管理活动提供组织保证和依据。如支持班组长在班组内实行激励机制，将事故与班组的经济效益挂钩，成绩佳的给予奖励，成绩差的给予处罚。这样不仅加大了班组长的责任心，而且班组长在处理违章人员时也有了可操作的依据。

同时，上级机构要做好班组长的考核工作，定期考察班组长的安全意识，主要看班组对上级关于安全生产的要求是否落实，是否坚持班前会制度，班组长是否亲自主持班组的安全活动，是否执行班组安全检查制度等。考核不合格的应重新竞聘上岗。

（3）班组长要严于律己。只有严于律己，才能严于律人。在工作中要求别人做到的，班组长自己首先要做到；要求别人执行的，自己首先要执行。还要敢于坚持原则，不徇私情，不能因为与某个人的特殊关系就一味迁就，这样势必在班组内造成矛盾，让职工对其失去信心，使班组没有了凝聚力，影响班组的管理工作。

3. 发挥班组骨干成员的作用

（1）班组安全管理的核心成员。在配备好班组长的基础上，还要推选责任心强、热心为职工群众服务、熟悉安全卫生知识、有组织能力的人担任班组安全员、技术员，组成班组安全管理的领导核心，在班组长的领导下，对班组安全生产工作的安排、安全管理措施的制定和落实、安全状况分析、奖惩建议等一系列安全管理问题进行讨论，协助班组长做好安全工作。"一长两员"是班组安全工作的领导核心，是搞好班组安全工作的组织保证。通过核心成员的作用，促使班组全体成员同心协力地完成各项安全生产任务。

班组安全员和技术员作为班组长的左膀右臂，不仅能协助班组长管好安全技术，而且能协助班组长管好生产技术。要发挥好他们在安全管理中的作用，班组长一方面要帮助他们提高对做好安全管理工作的认识，明确职责任务，使他们积极主动地发挥作用；另一方面，要注意改进工作方法，既要让他们大胆工作，又要加强指导，更好地发挥他们的作用。

（2）发挥班组技术员的作用：

1）要使班组技术员明确，管好安全技术是自己义不容辞的职责。在国务院颁布的《国务院关于加强企业生产中安全工作的几项规定》中明确指出，要形成以班组长为安全第一责任人，班组安全员、技术员为核心，班组成员参加的各工种和各岗位的安全生产责任网络。班组技术员既是生产工作的技术员，也是安全工作的技术员，要认清这双重工作职责，认识到这两项工作是相辅相成的。班组要完成生产任务，离不开把好生产技术关，也离不开把好安全技术关。把好生产技术关，等于为安全提供了支持；把好安全技术关，又等于为生产提供了保障。

2）要帮助班组技术员了解具体的工作任务，提供开展工作的有利条件。班组技术员不仅要负责生产技术工作，如制定作业中的技术方案，解决遇到的技术难点问题，而且要抓好安全技术工作，如普及安全技术知识，抓好职工的安全技术培训，还要组织技术创新等活动。班组长应让班组技术员对生产技术和安全技术全面负起责任，帮助他们制订工作计划，并为他们开展工作提供时间、资料等方面的具体保障。对他们组织的各种活动，班组长应带头参加，以实际行动支持他们的工作。

3）要给予足够的信任，让班组技术员充分地履行其职责。班组长应充分调动班组技术员工作的积极性，发挥他们的潜力。班组技术员的职责和工作范围，已有明确的规定，班组长应分清哪些工作是由班组长负责，哪些工作是由技术员负责。技术员是负责班组专业技术工作的，但有的班组长遇到安全技术问题，宁可自己动手解决或请示上级解决，也不同技术员商量；对技术员提出的有关安全技术方面的建议，班组长不重视，不采纳，不解释。这样，时间长了势必挫伤技术员工作的主动性和积极性。对此，班组长要引以为戒。凡是班组在安全生产中有关安全技术方面的问题，班组长都应该主动地与技术员商量，认真听取他们的意见和建议，正确的，要予以采纳；不能采纳的，要解释清楚，尽量地达到看法一致。当技术员与职工在安全技术上有意见分歧时，应尊重技术员的意见，注意教育班组成员服从技术员的管理，认真执行他们编制的安全措施。同时还应注意，该由技术员承办的事项，班组长只能督促检查，不能越俎代庖。

4）要严格要求，加强具体指导。"放手"不等于"撒手"。实践证明，安全技术措施制定得不合理，可能带来不堪设想的后果。所以，班组长要教育技术员树立对安全工作极度负责的精神，养成认真、严谨、求实的工作作风。拟订出的安全技术措施，要符合实际，可操作性强，安全可靠。技术员在技术交底时，要考虑得周密细致，重点之处要反复交代，使职工真正掌握作业要领、防护手段和安全常识。对安全技术防护措施，班组长要与技术员共同研究，发现错漏，及时纠正。

（3）发挥班组安全员的作用。班组技术员和安全员虽然都协助班组长抓安全管理工作，但工作重点是不同的。安全员的工作重点是负责抓好经常性的班组安全工作，技术员则是负责班组的安全技术工作，两者既分工又协作。

班组安全员的职责是：经常进行安全生产宣传教育，检查督促班组成员遵守安全生产作业规程和操作规程，并经常深入作业现场了解和解决安全生产方面的实际问题；督促落实设备维护和保养制度，组织好设备定期保养检查和维修后的验收工作；组织班组成员每周开展安全日活动，学习上级有关安全指示和通报；监督事故隐患整改措施的落实；组织班组成员定期开展安全大检查。

要发挥好班组安全员的作用，就要明确他们的责任和相应的权力，使他们有职有责有权。班组长应指导、支持他们开展工作，对于他们职权范围内的工作，应尊重他们做出的正确决策；发现他们工作上的偏差，要积极帮助纠正；遇到困难，要帮助解决。

4. 建立班组安全管理民主监督机制

班组组织建设的另一个内容，就是建立班组安全管理民主监督机制，明确每个班组成员的安全生产职责及任务，把班组安全工作落实到每个人，使班组安全管理制度化、程序化。

班组安全管理民主监督机制的特点是班组全员参加，充分依靠和发动职工群众开展形式多样的安全生产活动，如安全生产合理化建议活动、安全生产合格班组活动、安全生产竞赛活动、职工代表安全生产专题检查活动等，调动职工群众安全生产的积极性、创造性；还可以通过安全生产民主对话会、咨询会等，广泛听取职工对安全管理工作的意见和建议，使安全技术措施和安全管理方法更为有效、更符合职工群众的意愿。

二、班组的安全思想建设

现代化生产中，机械化、自动化、程控化、遥控操作越来越多，特别是在化工生产中，连续作业和高温、高压设备随处可见，所用原材料很多是易燃易爆或有毒有害的，一旦操作失误，引起燃烧或爆炸事故，就会造成厂毁人亡的悲剧性后果。职工操作的可靠性和安全性，与其安全意识、文化素质、技术水平、心理状态等都有关系。目前，影响企业安全生产形势稳定的因素，除了管理和客观因素外，主要就是职工素质普遍不高，安全意识淡薄，实际工作中应变能力和处理问题能力不强。所以，加强对职工的培训教育，提高职工的安全文化素质和技术素质，是班组安全思想建设的主要任务。

1. 职工应具备的安全素质

职工应具备的安全素质有以下几个方面：在安全需求方面，有较高的个人安全需求，珍惜生命，渴望健康，能主动离开非常危险和尘毒严重的作业场所。在安全意识方面，有较强的安全生产意识，坚持"安全第一，预防为主"方针，在从事易燃易爆、有毒有害作业时，能谨慎操作，不麻痹大意。在安全知识和技能方面，能够掌握与自己工作有关的安全技术知识和安全操作规程，具备较熟练的安全操作技能，通过刻苦训练，提高操作可靠率，避免失误。在应急能力方面，若遇到异常情况，不临阵脱逃，能果断地采取应急措施，把事故消灭在萌芽状态或杜绝事故扩大。职工的安全素质是现代职工不可缺少的基本素质，是安全生产的有力保证。

2. 职工安全素质的培养

培养职工具有较高的安全素质，需要不断地进行卓有成效的安全教育和培训。安全培训教育是一种多样性、多层次、多形式的继续培训教育，接受安全教育和培训既是职工应履行的义务又是职工的合法权利。安全培训教育要有针对性，本着缺什么学什么，学为所用的原则进行安排。各班组结合自身的工作性质、岗位安全要求，对不同的人员进行不同内容、不同形式的培训教育。要把企业内部的安全规章制度、班组的安全操作规程作为培训教育的基本内容，只有懂章懂纪，才能遵章守纪。要加强安全操作知识、安全消防知识、事故预防和处理知识的教育，提高职工自我保护能力。对特种作业人员的培训，不仅要进行专业技术培训，更要抓好纪律教育。

3. 加强安全生产的预见性

班组安全思想建设的目的，就是使班组成员对安全生产有足够的认同感、使命感和责任感。每一位班组成员都能善于了解、总结和分析每个工艺流程、每道生产工序、每项生产作业中存在的危险因素和防护要点，并能认真遵守安全卫生法律法规和制度规程，坚决制止各种习惯性违章操作现象，积极查找生产过程中的事故隐患，最大限度地消除身边的不安全因素，预防和减少各类事故的发生。

**三、班组的安全制度建设**

1. 班组安全制度建设的重要性

班组安全规章制度是班组在生产、技术、经营等各项活动中共同遵守的安全规范和行为准则，把班组制定、执行和完善安全规章制度的过程叫作班组的安全制度建设。它是班组适应企业社会化大生产的客观需要，是加强班组安全建设的重要环节。建立健全合理的安全制度，是实现班组安全管理规范化、制度化的基础，也有助于实现班组科学管理，消除班组安全管理工作中的混乱现象，保证班组生产活动和安全管理工作顺利进行。

党和国家制定的一系列安全生产方针、政策、法律法规与生产是息息相关的，是班组安全制度建设的指南。行之有效的规章制度是科学规律的总结，也是从事故教训中得出的经验总结。制定安全生产规章制度和安全生产责任制，能使班组职工了解自己在安全生产方面的职责、权利；制定安全技术操作规程，能使职工明确自己如何去操作和怎样进行自我保护。加强班组安全建设，就要靠这些完善合理的规章制度。班组的安全制度一般包括：安全生产责任制、岗位责任制、安全操作规程、生产交接班制度、安全检查制度、设备和工具的维护保养制度、防护用品的发放和使用制度、安全教育制度、安全活动日制度、隐患整改制度、伤亡事故的报告和处理制度等。班组应结合自身的特点，建立健全以安全生产责任制为核心的各项安全制度，结合生产实际制定各项安全标准。同时，应建立岗位经济责任制，明确各岗位人员职责，充分体现责、权、利三结合的原则。

2. 健全班组的安全规章制度

安全规章制度原则上由企业统一制定，班组是规章制度的执行单位。近年来，随着改革的深入，班组取得了制定企业规章制度实施细则的权力，这对于企业规章制度在班组的贯彻落实起到了重要的推动作用，同时也为班组的制度建设提出了更高的要求。

班组作为企业中最基层的行政组织和生产单位，除了贯彻执行企业制定的规章制度外，还要根据班组自身的生产特点和需要，在企业领导和安全管理部门的指导下，建立必要的安全生产管理制度。班组的安全规章制度虽然种类较多，不同类型的班组也各不相同，但必须要符合企业安全管理的要求，符合安全生产、安全技术的规律。制度确定后，班组要认真贯彻执行，并根据形势的变化和生产的发展，以及国家安全生产法律法规的颁布、标准的更新等情况，及时修改，充实新的内容，提出新的要求。要经常检查规章制度的落实情况，检查以自查、互查、巡回检查为主，要重点突出，有针对性，用规章制度、作业标准严格要求，以数据、记录进行评定，不敷衍应付，不走过场，讲求实效。

3. 以严格的考核促进制度的落实

严格的考核能够促进班组安全制度的建设和落实。具体的考核内容为：安全生产责任制度、安全操作规程、安全教育制度和安全检查制度等的制定和落实情况。其中，对安全生产责任制的考核包括：明确班组长的班组安全生产第一责任人地位；认真执行安全生产"五同时"，把安全同生产任务捆在一起考核；分散作业、集体操作的班组的每个作业点必须指定安全负责人；危险作业、临时性作业等，必须有安全要求和可靠措施，明确安全责任人并认真执行；积极应用目标管理、安全检查表、安全性评价等科学管理方法。对安全操作规程的考核包括：安全操作规程健全并认真执行；清楚危险点、重点控制部位、特种设备状况，有安全防范措施和应急救援措施，并熟练掌握。对安全教育制度的考核包括：班组长安全培训合格并有证书；对新工人等进行班组教育，考核合格；对调换工种、复工人员进行安全教育；特种作业、特种设备人员做到持证上岗，并按时复训；经常组织职工学习安全制度、操作规程，做到会讲、会用。对安全检查制度的考核包括：坚持日安全巡视检查制度，有安全值日记录；正确使用个人劳动防护用品；作业人员、指挥人员遵守劳动纪律，无违章操作、违章指挥；作业现场的设备、工具符合安全要求，工具、物料摆放整齐，地面清洁，通道畅通。有了完善的班组安全制度考核程序，也就更有效地巩固了企业安全制度建设的基础。

**四、班组的安全业务建设**

1. 班组安全业务建设的内容

班组的安全业务建设就是班组在安全生产、安全技术和安全活动中，不断学习和掌握各项安全管理技术，增强班组在安全生产中的计划、组织、指挥、协调和控制能力，使企业各项安全管理工作在班组得以落实。班组安全业务建设的内容包括：班组的安全生产管理、安全活动、设备工具管理、安全文明生产、事故防范、推行标准化作业等。例如，针对班组职工年龄、文化结构的特点，开展形式多样、喜闻乐见的岗位技术练兵、技术表演、提合理化建议、职工身边无违章等群众性活动，增强职工安全意识，加强职工基本技能训练，使职工熟练掌握操作要领及设备维护、故障判断、事故处理等技能，确保本岗位生产操作安全。

深入开展以班组为单位的安全竞赛活动、安全达标活动，发挥班组职工的群体竞争意识，这不仅是推动班组安全建设的有效途径和得力措施，也使班组安全管理有内容、有依据、有标准。又由于竞赛活动往往与经济效益挂钩，涉及班组内部所有成员的切身利益，起到了制约作用，在班组内能够形成相互提醒、相互监督的好风气，增强了班组的凝聚力和职工的安全意识。

为促使更多的班组达标升级和使安全竞赛活动取得较好的效果，应制定科学合理的考核制度，严格标准、严格考核、严格奖罚，物质奖励与精神奖励并举，增强职工集体荣誉感，调动职工安全生产的积极性。

为了增强职工对事故的预测防范能力，进行超前控制，降低事故发生率，必须对班组实行现代化安全管理。逐步实现目标管理，把设备完好率、培训教育率、"三违"行为控制率等指标纳入目标管理之中；推广应用安全检查表管理、事故隐患评估、计算机辅助管理、安全评价、预先危险性分析等现代安全管理方法，进行全面的、系统的管理，使安全管理工作建立在更加科学的基础之上，变事后追查为事前预测。

2. 搞好班组安全业务建设

要使班组安全业务建设取得较好的成效，班组进行这项工作时就必须得到企业有关管理部门的支持、帮助、指导。同时，班组的安全业务建设是班组全员性的工作，应体现民主管理的思想，只有将安全技术管理与民主管理有机地结合起来，才能使班组的业务建设取得显著成效。

# 第二节　创建安全合格班组

## 一、创建安全合格班组的意义

开展创建安全合格班组活动，是发动职工群众参与企业安全管理的好形式，是不断提高职工自我保护意识及监督检查能力的有力措施，是加强安全生产、减少事故发生的有效手段。现代安全管理不仅需要科学技术方法，还要将安全管理模式从"事故处理型"转变成"事故预防型"，这就要求人人参与安全管理，即实现全员、全面、全过程的安全管理。创建安全合格班组活动，就是要朝着这个方向努力；同时，通过这个活动，可以加强企业安全管理工作，特别是提高班组的安全管理水平，提高全体职工的安全意识和安全技术素质。

开展创建安全合格班组活动，可切实改变目前班组事故多发的状况。在班组里，作业人员相互了解彼此的操作水平、精神状况，一旦有妨碍安全生产的因素出现，可及时互相提醒督促，互相帮助；他们直接操作机器设备，熟悉设备的性能状况，一旦设备发生异常情况或存在安全隐患，能及时察觉和排除。班组成员的这些群体特点，易于控制事故的发生，是其他各类人员所不能代替的。

开展创建安全合格班组活动，也是不断提高职工自我保护意识与行为能力的有效措施。随着租赁制的推行，承包制的层层落实，企业经济效益提高的同时也出现了一些忽视安全生产的短期行为。有的企业经营者存在着重生产、轻安全的思想，班组中也存在着片面追求进度、冒险蛮干、拼设备、拼体力等不安全的行为。此外，目前职工队伍中农民工的比重增加，他们文化技术素质相对不高，劳动纪律观念比较淡薄，此类情况都会严重地威胁着班组的安全生产。因此，必须在努力提高职工自我保护意识和行为能力上下工夫。如果每一个班组都有一个适合本班组的安全目标，每一个班组成员都从"要我安全"转变为"我要安全"，并不断提高岗位操作水平，积极争创"安全合格班组"，就一定能使整个企业的安全管理水平上升到一个新的高度。

**二、创建安全合格班组的条件和标准**

开展创建安全合格班组活动的目的，是提高职工的安全意识和技术水平，逐步把班组变成一个安全、舒适的工作场所。安全合格班组的条件和标准，不同的行业因其自身的生产特点，不可能完全统一，但是具有共性内容、共同条件。

1. 实行目标管理

（1）班组每个成员要了解本企业、本班组的安全生产目标及实现目标的主要措施。

（2）班组能够运用现代安全管理方法，从自身做起，实现安全目标。

2. 安全管理基础工作要达到规定要求

（1）建立健全岗位安全生产责任制、安全操作规程，并认真执行。

（2）班组成员能熟记本岗位安全操作规程，了解班组内危险源及防范措施，不冒险作业。

（3）特殊工种作业人员严格执行持证上岗的规定，并建立安全互保制度，如3人外出作业要有1人负责安全，2人外出作业要指定专人监护等。

（4）正确穿戴并爱护个人防护用品，正确使用并维护安全防护设施、装置，有专人负责环保和安措设备的保养。

（5）设有违章违纪、险肇事故、事故隐患登记簿，班组安全台账记录齐全，不弄虚作假。

（6）按规定要求认真做好班组安全教育、安全检查等日常安全工作。班组骨干成员能够较全面地掌握安全知识，操作技能过硬，安全意识较强；班组形成浓厚的安全生产氛围。

3. 坚持开展安全活动

（1）坚持每天的班前会和班后会，定期开展班组安全日活动。活动要参与率高、效果明显、记录详细。

（2）坚持每天的班前、班中、班后安全检查活动，定期开展查隐患抓整改活动。

（3）广泛发动班组成员，开展为安全提合理化建议活动，通过小改小革逐步改善劳动条件。

4. 积极推行科学管理方法

（1）认真正确地运用班组安全检查表进行安全检查。

（2）积极采用现代安全管理方法，如事故树、生物节律、信息管理等科学预测分析方法，搞好事故预测工作。

5. 搞好文明生产

（1）作业场所清洁，物料堆放整齐，安全通道符合要求。

（2）班组范围内，各类设备、工具、工作场所必须做到安全无隐患。

（3）人人遵守劳动纪律，不脱岗、不串岗、不酒后操作。

（4）班组污染源管理效果好，无随意倾倒污染物的现象，并养成定点存放、节约使用物料的良好习惯。

**三、创建安全合格班组的方法**

安全工作是一项群众性工作，必须发动群众、相信群众、依靠群众来做，而创建安全合格班组活动就是充分发挥班组职工积极性的一项群众性活动，因此，安全工作符合企业安全管理工作的需要，具有较强的生命力。为开展好创建安全合格班组活动，应抓好以下几个方面的工作：

1. 统一思想，提高认识

为了保证创建安全合格班组活动顺利开展，企业上下必须统一认识，特别是班组长的认识必须到位，这是创建安全合格班组活动能否成功的关键。班组长要认真分析本企业班组安全管理的现状，找出差距，从基础管理上找原因，研究抓好班组安全管理的措施，要认识到开展创建安全合格班组活动是实现班组安全管理标准化、规范化、科学化的有力措施。

调动广大职工群众参与的积极性是开展创建安全合格班组活动的基础，因此，班组应利用一切可以利用的场合，利用各种宣传工具，广泛地宣传创建安全合格班组的重要性和迫切性，介绍开展安全合格班组活动好的班组的经验。当然，这样的宣传切忌空洞说教，要从职工的切身利益出发，使他们切实感到，创建安全合格班组对自身、对班组、对企业有百利而无一害，从而使职工从被动的"要我这样做"转变为自觉的"我要这样做"。

在广泛宣传的同时，还要对班组中出现的一些具体问题进行指导、解决，并着重对安全员进行教育培训，使他们对安全合格班组的基本内容、标准和要求有清楚的认识，明确在创建安全合格班组活动中应带领全组成员做好哪些工作。

2. 健全组织机构，确立规划

要开展好创建安全合格班组的活动，必须有一个具体的组织（或机构）来负责实施。对于大部分企业，并不新设组织机构，而是在厂部（或企业安全生产领导小组）的统一领导下，由企业工会或企业安全生产管理部门具体负责组织实施。各有关部门必须通力合作，把这项工作列入日常管理的重要议事日程，保证活动的正常开展。工会组织负责宣传工作，具体组织创建安全合格班组的竞赛活动；安全管理部门负责制定安全合格班组的标准（条件、要求），逐项落实安全合格班组创建工作的有关问题，对创建工作进行具体业务指导；有关部门共同组织对创建活动进行检查、验收和判定。

创建安全合格班组活动，不是一项一劳永逸的工作，也不是一项应急措施，而是班组安全建设的一项长期工作。这项工作实质上是从传统的管理方法向科学管理方法的一个转变。因此，要做大量深入细致的工作，要有一个切实可行的规划。在推行这项工作时，必须从班组的安全管理实际出发，分阶段地确定工作目标，确立工作规划，使活动能够有计划、有步骤地进行。

首先，要对班组现状以及生产设备、工艺、人员和管理工作等情况进行全面分析，对照安全合格班组的标准和具体要求，确定应达到的目标。目标的确定要广泛吸收职工群众的意见，可召开安全技术人员、班组长、安全员和职工的座谈会，把实现目标的具体步骤和要求交给大家讨论，各个阶段应达到的要求、各个环节应采取的重点措施，让大家心中有数。在此基础上，明确创建目标，制订出为达到目标而采取的计划措施。要清醒地认识到，创建安全合格班组工作是一个循序渐进的过程，既要按照目标要求去努力，又要坚持实事求是的原则，根据实际情况，有什么问题就解决什么问题。基础条件不同，达标的要求应有所区别，切忌"一刀切"的做法。目标值可根据达标工作进展情况及时进行调整，关键是要能够根据标准要求确保合格班组的质量，这是搞好创建工作应掌握的基本原则。

3. 制定标准，对照评价

开展创建安全合格班组活动，达到什么样的程度才算符合要求呢，企业可根据上级部门颁发的安全合格班组标准条件和基本内容，从实际出发，制定出一个适合本企业特点的切实可行的标准。在制定标准时切忌生搬硬套，应注意以下几点：

（1）要有针对性。不同的工种、不同的班组，既要有共同的必须达到的要求，又要根据班组的不同生产特点有所侧重。

（2）要从实际出发，充分考虑标准的可行性。标准要求既不能高不可攀，使班组失去达标的信心；又不能降低要求，迁就落后，缺乏激励作用，使创建活动流于形式。

（3）要分档次。合格达标活动是一个渐进的过程，在原有的工作水平上，升上一个台阶，不可能一步到位，要经过一定的时间和不断的努力。因此，要分出达标的等级，鼓励班组不断向着更高的标准努力。

（4）要具可操作性。每项条款不能太原则、太笼统。要具体、明确，使班组成员易于掌握，便于执行，也便于检查、考核、验收、评分。合格分数线的确定要适当，扣分要掌握好分寸。

在班组合格达标活动中，要坚持对照标准开展安全评价和安全自我评价。班组每一个成员对班组安全管理、安全制度、生产设备、作业环境和安全效果等进行全面的系统的安全评价，了解存在的问题，同时对自己在生产过程中的工具使用、操作技能、技术水平、遵章守纪情况等进行自我评价，识别和找出存在的重大危险源、事故隐患。班组长在集中整理班组成员评价结果的基础上，制定出治理、控制事故隐患、危险源的相应措施，以提高达标的进度。

4. 搞好试点，推进工作

推行创建安全合格班组活动，各个班组难以同时起步。从一些企业开展活动的情况来看，采取先试点，以典型引路、全面推广的方法效果较好。要搞好试点，首先就要选择好试点单位。试点单位不仅要具有典型意义，而且工作开展起来成功的把握性较大。一般情况下，选择那些日常安全管理工作基础较扎实、班组成员团结协作精神强、班组长和安全员工作积极性高的班组作为试点单位。

创建安全合格班组的主体是全体班组成员，安全合格班组的标准和要求要依靠全体人员长期坚持不懈的努力才能实现。因此，在试点单位工作中，要注意从思想教育入手，使班组成员的思想统一到"要搞好班组安全工作，就必须创建安全合格班组"这一认识上来，使职工都能自觉参与这项活动。同时，班组要紧紧抓住创建安全合格班组活动这个契机，使班组安全建设提高到一个新的水平。

经过试点单位的实践检验、经验总结后，对安全合格班组的标准和要求可进一步地修订，使其更为合理、完善。在此基础上，通过召开现场经验交流会、组织参观学习等形式，在企业内推广典型安全合格班组的经验，全面开展创建安全合格班组活动。

5. 严格考核和验收

创建安全合格班组活动开展起来后，其效果如何，可按标准条件进行严格考核验收。规范考核验收的程序和内容，确保创建活动向广度和深度发展。考核验收的程序如下：

（1）班组自查。各班组对照合格班组标准，逐项逐条进行自评。根据自评情况进行整改，认为达到标准要求后，提出验收申请。申报验收需准备的材料有：班组自评结果和得分；各种台账、规章制度文本、记录、检查表、检测数据；合格班组创建工作小结。申报材料要实事求是，不得随意编造。

（2）班组互评。在班组申报的基础上，车间（工段）应组织各班组进行互查互评。班组之间彼此了解情况，通过互查互评，可以防止弄虚作假、浮夸不实，还可以起到相互促进的作用。工段根据互评结果组织复评，然后申报车间或分厂验收。

（3）车间（分厂）验收。车间（分厂）考核验收时，一般应成立一个由班组、工段、车间（分厂）领导和有关人员组成的考评小组。考评小组根据申报材料、班组基础资料、安全效果、现场检查记录等，对照验收标准逐项打分。评分达到标准要求的，可上报申请厂级验收。为保证验收质量，车间验收考察的时间一般应持续 2~3 个月。

（4）总体验收。企业领导要指定有关部门负责验收工作，组成专门验收小组，对照标准条件，严格把关，逐个验收。具体程序：一是听，即听取申报单位关于开展创建安全合格班组和达标班组情况的介绍，听取其他班组或人员对申报班组的意见，从中核查有无不实之处。二是看，即审阅申报材料，查阅各种台账、记录、规章制度、合同等文字资料，并到生产施工现场、值班室、休息室等处实地查看，查看机器设备、防护装置、信号系统和设备的维护保养情况，查看作业现场文明卫生情况。三是查，即在听、看的基础上，用向班组成员提问或抽考的方法，进一步了解班组成员对安全规程和安全操作知识的掌握情况以及操作的熟练程度，以了解班组成员的安全素质。四是评，即在充分掌握申报班组各方面情况后，综合分析，根据标准条件逐项评定打分，以总分达到标准要求以上为合格，同时将申报材料和验收评价意见附后，报企业统一审核批准，发给合格证。

合格班组的验收，各企业应根据本企业具体情况而定，不必拘泥于一种模式，但必须坚持从实际出发，宁缺毋滥，严格把关。

安全合格班组从创建到验收达标只是一段时间内的工作，而巩固、保持合格班组则是一个长期的工作，也是创建活动的最终目标。安全合格班组成员必须清楚地认识到这一点，如果认为验收合格后就可以一劳永逸，班组安全工作则有可能很快滑坡，这就失去了创建安全合格班组的意义。因此，必须重视达标班组的巩固工作，可将创建活动与经济责任制及奖惩制度挂钩，在给予荣誉的同时，相应地给予物质奖励，激励班组成员不断努力，保持合格班组并争取达到更高的要求。对存在问题而不进行整改，复查达不到标准要求的班组，应取消合格班组的称号，给予经济惩罚。

为巩固取得的成绩，班组在达标以后要坚持把检查达标情况作为每周安全日活动的一项主要内容，认真检查，找出问题，绝不松懈，使合格班组逐步向标准化管理、标准化作业的更高阶段迈进。

# 第三节　班组安全管理经验荟萃

班组安全管理的方式方法多种多样，而最终的目的就是使班组成员在作业过程中能够保证自身、他人、设备等的安全。下面具体介绍一些安全生产先进班组的管理经验。

**一、围绕"人"字做文章**

1. 做到"人尽其才，物尽其用"

合理安排工作，看人布置工作，做到"人尽其才，物尽其用"，最大化地发挥班组成员的内在潜能。人是生产过程中最活跃的因素，是安全生产的实践者，解决好用人问题，就等于抓住了队伍建设的关键。因此，队伍建设工作，必须坚持以人为本，用人要人尽其才。每一个工种、每一项工作要让最适合的那位职工去做。一个优秀的班组长应该具有"大"和"小"两只眼睛。学会把工作量分解并量化落实到每个职工，并使每一个职工力所能及，干好本职工作，并注意日常工作中的变化，及时调整，运筹帷幄。

（1）重用"小能人"。每个班组都有一些"小能人"，班组长要善于利用他们的长处，通过发挥他们的长处，带动其他职工业务技能的提高。

（2）关心"老实人"。不能欺软怕硬，尤其对工作勤恳、性格内向的人，更需要关心和爱护。

（3）管好"调皮人"。经常与他们谈心，中肯地指出他们的缺点，使他们改掉不良习气。

（4）做个公正的人。不能偏心眼，特别是在职工敏感的问题上，要做到民主、透明，一碗水端平。

2. 做好思想工作

做班组成员的思想工作离不开"说"。做好思想工作，能使其以饱满的热情投入到工作当中来，反之就不会达到好的效果。所以要真心实意地当好三种角色。

（1）同情角色。做思想工作时，要学会换位思考，从对方的立场出发，先动之以情，后晓之以理，则可能收到意想不到的功效。

（2）倾听者的角色。很多情形下，职工仅仅需要几句恰当的安慰，能够诉说一下心中的委屈，宣泄一些日常积聚的不满，即可解决问题。因此，合理的倾诉和宣泄就成为一件积极有益的事情。

（3）"过来人"角色。有的时候，犯了过错的职工在同其谈话之前，已形成了种种为自己开脱的心理准备，若是训斥或质问，对方感觉到威胁，就会以强硬的态度进行反抗，或者找出许多客观理由来辩解，这样以自己的亲身经历与职工进行谈心，会取得不一样的效果。

## 二、实行动态安全管理

所谓动态安全管理，是指在整个生产过程中，对生产的工艺流程和生产作业过程进行安全跟踪、预测控制，使安全生产在每时、每班、每个环节都得到保证。对于班组来说，动态安全管理要做好如下5个控制。

1. 制度控制

班组动态管理必须有一套严密完备的规章制度作保证。事故多发的原因之一在于现行规章制度不完善、不健全。班组动态安全管理就要在不断完善和充实规章制度上下工夫，建立一套符合本班组特点的安全规章制度。执行制度要严在贯彻落实上，严在事故发生前。

2. 作业控制

因为大量的事故发生在生产作业过程中和生产作业现场，所以，作业控制是班组动态安全管理的重要内容。作业控制就是经常分析生产工序中存在的危险因素，有针对性地采取控制对策，按班、按日检查安全情况，发现问题及时解决。作业控制最有效的方法就是依据生产作业中的不安全因素和信息反馈情况，把安全检查的对象加以分析，将大系统分解成若干子系统，确定安全检查项目，再把检查项目编制成安全检查表，每班对照检查。力争做到检查项目全，工作有条理，问题责任明，整改落实快，从而达到安全作业的目的。

3. 重点控制

安全防范的重点就是设备危险部位、有毒有害作业场所、易燃易爆生产场所、交叉作业场所、高处作业场所、特种作业场所等。对于重点场所，要做到重点控制；重要部位必须配备各种醒目的安全标志，做到"有洞必有盖、有边必有栏、有空必有网、有线必有杆"。

4. 跟踪控制

最简便适用的办法就是实行安全作业票证制度，做到分工制度化、作业程序化、管理标准化，实现集约和精细管理。对事故苗头狠抓不放，制定控制对策，跟踪控制。

5. 群防控制

班组动态安全管理是一种群体行为，只靠班组长和安全员是远远不够的，必须采取专业管理和群众自主管理相结合的方法，特别是要注意发挥岗位工人的积极性。只有班组全员行动起来，在生产作业过程中努力做到个人无违章、岗位无隐患、班组无事故、过程无危险，才能实现班组的安全生产。

总之，班组安全管理是个动态过程。事故的突发性、隐蔽性和多维性，决定了生产过程的系统性、动态性、群众性，只要班组把动态安全管理贯穿于整个生产过程，坚持以上 5 个控制，定会收到事半功倍的效果。

### 三、创新班组活动

1. 开展"小竞赛"

利用每位员工争强好胜的心理，不时搞些小型的劳动竞赛，能起到意想不到的效果。其实有时这些竞赛并不需要什么奖品，大家需要的只是一种认同和一种自己在班里位置的明确。这样，不但能使技术好的员工由于强烈的认知感而主动帮助后进，在生产中发挥更大的作用，同时也促进了技术差些的员工努力向前看齐，形成互帮互助、人人争先的好局面，带动了班组人员业务水平的提高。

2. 开好"小座谈"

要想让企业精神深入班组，让企业决策变为班组成员的具体行动，就必须要了解员工思想。要让班组中每名成员坦诚相待，这就需要一个轻松、愉快的氛围。所以，可以不定时地把员工组织在一起，通过聊天等活动发现员工生产生活中的一些困难和思想波动，及时地予以劝说和解决；员工中发生的矛盾通过这种谈心的形式也会淡化，从而升华对班组建设的认识，凝聚智慧和力量。员工产生归属感、亲切感、责任感，班组才会有强大的凝聚力和战斗力。

3. 征纳"小点子"

成立"智囊团"，为维修、抢修工作献计献策，提合理化建议，鼓励员工搞小改革、小发明、小创造。一个或几个员工提出建议和意见，会带动所有员工关心集体，细心观察，实现"群策群力"的局面。

**四、运用现代管理方法**

由于生产过程中不安全因素多，安全工作难度大，因此必须不断改进安全管理方法，加强班组基础工作。

1. 安全管理标准化

班组应根据生产特点、工艺参数和职工的工作经验，建立安全生产管理制度，完善安全规程和标准，健全台账、报表，使每项工作有人负责，职责分明；做到工作有标准，成绩有考核。在完善各项制度、规程和标准时，力求做到"五化"。

（1）安全生产制度化。即对操作人员有"安全操作规程"的具体要求；对工艺、设备有安全技术管理的具体标准；对日常管理，如人员劳动管理、动火管理、消防器材管理、安全教育、安全检查等有完善的管理制度；对设备运行中可能发生的意外事故和异常现象，有详细的处理程序和方法。

（2）安全检查数据化。坚持定时定点进行安全检查，每次检查都要求有详细的记录，用数据说话。在对这些数据进行分类整理、对比分析的基础上，排查隐患，采取对策，实施整改。

（3）安全部位图表化。把设备的要害部位和危险点用工艺流程图的形式绘制出来，使操作人员熟悉它们的准确位置，知道各个部位相互之间的联系和影响。同时，用一览表的形式，将安全点的维护保养要求、检查实施标准以及发生异常时的症状、原因、处理方法等一一列出，发给每个操作人员，让他们熟悉和掌握。

（4）处理隐患程序化。为了稳妥地排除隐患，可制定出隐患处理程序：发现隐患→向车间报告情况→组织本班组人员进行处理（包括分析原因→制定措施→办签证手续，即排除隐患，检验合格后，由车间主任或班组长签字）→处理完毕后填写交接班日记，交代处理情况及遗留问题→向车间汇报处理情况。按这一程序处理隐患，不仅调动了各方面的积极性，增强了处理者的责任心，而且一旦发现处理不当，也容易找出原因，迅速采取对策，进行补救。

（5）原始记录规范化。班组各个岗位的操作记录和交接班日记，不仅要明确应记录的内容，而且还要规定填写时应达到的基本要求，即及时、准确、完整、清洁。及时，就是按规定的时间进行记录；准确，就是要求记录可靠；完整，就是要求项目齐全，能反映生产过程的各个环节；清洁，就是要求书写规范，字迹清楚，干净整洁。只有按照上述基本要求认真填写操作记录和交接班日记，才能实现为设备安全运行提供宝贵的原始资料。

2. 安全管理科学化

生产过程中的不安全因素，不外乎人、机、物、环。根据生产特点，抓住"两个时期""三个环节""四种人"进行安全预防，有针对性地制定对策，可有效地预防事故的发生。

所谓"两个时期"，是指外界干扰和工艺波动时期，往往引起装置系统波动，对安全生产造成严重威胁。针对"两个时期"具有突发性、偶然性的特点，可以开展事故预想活动和反事故演习，增强班组成员防范事故的应变能力。每日一上岗，班组长和安全员就应召集班组成员，预想当日可能会发生的事故以及应采取的防范、补救措施，并将责任落实到人。每年还应定期开展反事故演习，使操作人员掌握事故应急处理技能，在事故初发时，能利用仪表反应的时间差，迅速调整设备的运行状况，有效地防止事故的发生。

所谓"三个环节"，是指零点班、开停车、设备检修。零点班时，操作人员精力不足，动作迟钝；开停车和设备检修时，流动作业点多、作业工种多、交叉作业多，稍有疏忽，就容易发生人身、设备事故。针对这三个环节的特点，可以开展"零点班操作能手"竞赛，促使工人精心操作，避免失误；制定严密的开停车和设备检修安全管理方案，指派有经验的工人到现场监视，防范事故；提倡团结互助，相互提醒，以消除发生事故的可能性。

所谓"四种人"，是指新上岗技术不熟练的人、图省事马虎的人、盲目乱动粗心的人、精神状态差的人。这四种人容易出现误操作，若不重点防范，就可能导致事故。因此，对于这四种人，必须因人设防。如对新上岗技术不熟练的人要进行单兵教练，手把手地教，耐心讲解，反复示范；对马虎、粗心的人，要勤嘱咐，勤提醒；对精神不振和易疲劳的人，应细心观察分析，掌握其行为动机和心理状态，找到真正原因，再对症下药。

3. 安全管理信息化

很多设备装置运行连续性强、反应快，如工业锅炉、化工行业的反应容器等，因此，对操作者来说，就必须随时监视设备运行中的状态变化，及时搞好安全信息的传递和反馈，及时消除异常现象，稳定运行参数。

要做好安全管理信息化的工作，就需要班组在健全各种记录、台账、报表的同时，建立从个人、班组、车间到厂部的安全信息反馈网络。平时注意对有关的报表、统计数据进行整理，对现场观察和巡检中发现的事故隐患和苗头，进行详细记录。对收集来的这些定性、定量信息，要随时进行分类统计和分析，找出原因，提出整改措施，并及时向车间和企业报告，限定整改期限。在整改过程中，随时将情况反馈到车间和企业。做到安全信息逐级传递反馈，上下预防，层层查隐患，找对策，堵漏洞。

　　信息反馈不是一个单一的简单过程，往往需要经过多次反复。因此，要注意把反馈、调整贯穿于整个连续的生产过程中，加强跟踪监测。一旦获得隐患方面的信息，就及时采取整改措施。如果仍达不到运行控制参数，就需要再找原因，修订整改方案，在不断调整的过程中，逐渐趋于完善，直至达到优化的状态。只有当班组成员将收集和输送信息变成一种习惯，把运用反馈方法消除隐患、预防事故作为安全生产的一项重要职责时，安全管理信息化才能真正收到实效。

# 第五章 作业现场安全管理

## 第一节 推广标准化作业

### 一、标准化作业的内容

**1. 标准化作业的目的**

标准化作业就是对每道工序、每个环节、每个岗位直至每项操作都制定科学的标准，全体职工都按各自应遵循的标准进行生产活动，各道工序按规定的标准进行衔接。实行标准化的目的，就是要统一和优化生产作业的程序和标准，求得最佳的操作质量、操作条件、生产效益。采用标准化作业，是一项从根本上保证职工在劳动过程中安全和健康的重要措施。

标准化是一项综合性的基础工作，是技术规范化的一种表现形式。生产作业实行标准化、规范化，有利于对各项工作的管理；各项操作实行标准化，职工就会按照规定的程序和作业标准进行操作，准确无误地完成整个作业过程，从而保证整个企业的生产活动有条不紊地进行。

**2. 标准化作业的内容**

按照工作人员（生产作业人员、检修人员、管理人员）的工作性质，标准化作业分为三个系列。每个系列标准化作业的内容有：作业顺序标准，生产操作标准，技术工艺标准，安全作业标准，设备维护标准，机、电设备标准，工具、器具标准，质量检验标准，文明生产标准，场地管理标准等。

（1）作业顺序标准。根据各岗位、工种的作业要求，从生产准备、正常作业到作业结束的全过程，确定正确的操作顺序，使作业人员明确先做什么后做什么。

（2）生产操作标准。根据各岗位、工种的作业步骤，从具体操作动作上规定作业人员应该怎样做，使作业人员行为规范化。

（3）技术工艺标准。根据生产作业所涉及的原料、燃料等具有的理化特性，制定相应的技术要求及科学的工艺作业标准。

（4）安全作业标准。涉及操作标准化、设备管理标准化、生产环境标准化、人的行为标准化、物的管理标准化以及相适应的生产环境条件等。

（5）设备维护标准。随着时间的推移和生产的进行，设备出现磨损、老化等问题，需要不断维护保养，及时更换易损的零部件，这在标准中应有明确的规定。

（6）机、电设备标准。每台设备都要建立安全防护标准，明确规定设备完好状态的标准、安全防护设施的要求等，以消除物的不安全因素。

（7）工具、器具标准。生产工艺中使用的一切工具、器具等，均应达到良好的标准状态。

（8）质量检验标准。产品、中间产品均应制定几何尺寸、理化特性、外观形状以及检验方法等标准。

（9）文明生产标准。根据文明生产要求，对作业场所必须具备的照明、工业卫生条件、原材料及成品、半成品的运送和码放、工具和消防设施管理等涉及的一切与文明生产有关的内容，均应有具体的规定。

（10）现场管理标准。根据生产场地条件情况，对作业场所的通道、作业区域、护栏防护区域、物料堆放高度和宽度等，均应制定标准。

**二、作业标准的制定**

标准化作业本身，就是研究、制定操作者在生产活动全过程中的作业程序和规范，以统一和优化的作业程序与标准，求得最佳操作质量。因此，作业标准的制定，是一个不断摸索和完善的过程，它随着生产工艺的改进、技术要求及管理水平的提高而不断完善。整个标准化的工作过程是：制定标准→执行标准→修改完善标准→执行新标准。每一次循环，各种效益都将进一步提高，并更符合客观实际的要求。

制定作业标准的原则是，系统地编制出操作者的岗位安全规程、技术规程、操作规程、作业顺序及动作标准，使每个职工达到工作有顺序、动作要标准、执行（标准）有考核，从而使人的不安全行为、物的不安全状态、环境的有害因素等得到控制。具体来说，应遵循如下原则：

（1）根据岗位作业的内容，全面系统地考虑技术、设备、环境等作业条件，科学合理地编排作业顺序，即对每一项工作都要具体规定出先干什么后干什么。

（2）根据作业内容和技术、设备、环境条件，规定操作动作及其应达到的标准,这些标准包括:作业准备标准,作业动作标准,工、器具位置和使用标准,作业用语和手势标准,作业衔接和协调标准,作业现场管理、整理、整顿标准,创造安全环境标准;并要制定出怎么干、干到什么程度的工作要求标准。

(3)规章制度、操作规程是制定标准化作业的基础。编制作业标准要比制定规章制度的技术性高,它是在规程简化、优化的基础上,具体规定出应该干什么、可以干什么、不准干什么的标准。

(4)要在确保安全生产的前提下,贯彻统一、协调、精炼、优化的原则,使操作者记得住、学得会、用得上、愿意做。

(5)要充分激励安全员与职工的安全需要和积极性,把他们的智慧作用与实践作用充分地反映在标准化作业中。

**三、推行标准化作业**

标准化作业是从根本上保障职工安全与健康的重要措施,在宣传标准化作业时,要让广大职工充分认识到这一点。所以,首先要抓好职工的培训教育工作,向职工宣传、讲解、推广标准化。职工则要认真学习、领会标准化的实质,并通过培训,掌握、熟悉标准化作业的程序和要求。要使标准化作业的制定过程和执行过程成为一个发动职工群众接受安全教育和培训的过程。当每一个职工真正了解了标准化的内容,知道如何进行标准化操作时,标准化作业的作用才能真正发挥出来,使"我要安全"真正变为"我会安全"。

实现标准化作业,从一定意义上讲就是要改变以往的习惯性作业及不良做法,这就需要"严"字当头,制定严格的制度,严格要求,严格管理,严格考核,奖惩分明。实行按岗位定职责,按职责定标准,按标准进行考核,按考核结果计分,按分数计奖。做到一级考核一级，实行日考核，月总结，年进档，考核与奖金、工资、晋升密切挂钩。

### 四、实现标准化作业

标准化作业是安全管理的一项基础工作，也是现代科学管理的一项重要内容。推行标准化作业，安全员是关键。因此，在这项工作中，安全员要以身作则，不但自己要坚持高标准、严要求，还应协助班组长，在班组中大力推进标准化作业。首先，对职工进行安全技术教育和培训，使职工具备一定的安全作业技能；第二，纠正职工以往作业中不正确或不规范的做法，养成安全作业的习惯，如操作旋转机床，绝不能戴手套作业；第三，制定标准化作业程序时，要总结以前的经验，让职工充分讨论，并要经过一段时间的实践检验，切不可想当然地规定几条，而无法实施，成为一纸空文。

不同的班组，生产的产品、生产工序、工种不尽相同，推行标准化作业要根据班组的生产实际，不能千篇一律。制定标准时应坚持三个原则：一是先重点后一般，对生产一线的工种要作为重点来考虑；二是动员全体职工参加，从班组抓起，依靠有丰富实践经验的老职工为骨干，制定出各个岗位、各个工种的作业标准；三是上下结合，不断完善，先由职工自己制定，班组讨论定稿，然后上交管理标准化工作的有关部门审定，再返回班组实施。在实施过程中不断完善，不断优化，经过一段时间的实践后，认为切实可行，标准化工作管理部门就以文件形式定为规范化的制度。

标准化作业作为一项规范化的制度，安全员必须采取有力的措施来保证其实施。由于传统思想、习惯做法的影响，职工对新的标准化作业制度可能会产生抵触，不愿或不肯自觉执行；有的职工还存在着不理解、怕麻烦的思想。因此，安全员要多做说服教育工作，讲清实行标准化作业的重要意义及对职工自身安全的保证作用，使职工能自觉按照作业标准进行操作。

# 第二节　习惯性违章行为的控制

## 一、习惯性违章行为的表现形式和特点

所谓习惯性违章，是指职工在较长时期内逐渐养成的不按章程办事的习惯性违章指挥、违章操作和违反劳动纪律的行为。据有关资料统计，各类事故的直接原因，绝大多数是由于违章所致。因而，采取得力措施制止和减少习惯性违章行为，可避免和减少各类事故的发生。

1. 习惯性违章的表现形式

违章包括无知违章和故意违章。无知违章是因为缺乏或不懂有关安全技术、操作技能而造成的；故意违章是属于缺乏约束自己的能力，明知不符合安全规章却偏偏要干或无法控制自己而造成的。无论是无知违章还是故意违章，如果得不到及时发现和纠正，违章就会逐渐变成习惯性违章。习惯性违章有下列几种表现形式：

（1）不懂装懂型。对岗位安全技术操作规程不认真学习，一知半解，意识不到自己的违章行为，长此以往即形成了习惯性违章。

（2）明知故犯型。熟知安全操作规程，但在作业中图省事，怕麻烦，养成违章习惯。

（3）胆大冒险型。这种人把违章行为当成是英雄主义，别人不敢干的他敢干，随心所欲。

（4）盲目从众型。在生产过程中，明知是违章行为，但认为法不责众，别人干没出事，自己随大流也不会出事，意识不到事故隐患和危险的存在。

（5）心存侥幸型。明知是违章操作，却存在侥幸心理，认为一次违章作业不一定会出事故。

（6）不拘小节型。粗心大意，不拘小节，习惯成自然，对待安全生产也不例外。

（7）急功近利型。有些人进入工作地点后，拿起工具就干活，不管有无防范措施。

（8）得过且过型。这种人无所用心，得过且过，什么安全、隐患全不放在心上，完成生产任务就心满意足了。

2. 习惯性违章的特点

（1）隐蔽性。由于违章成为习惯，操作人员往往对自己的违章行为浑然不知。安全员甚至也对这种操作习以为常，使习惯性违章不能得到及时发现和纠正。

（2）长期性。违章行为由来已久成为习惯，习惯性违章往往被认为是正确的操作得以继续。

（3）危害性。习惯性违章往往是最终导致了事故的发生才足以引起人们的重视，因此具有很大的危害性。

（4）普遍性。"三违"行为存在的范围相当广泛，具有普遍性，各工种、各岗位普遍存在，工人中有，管理人员中也有。

（5）随意性。违章人员法制观念淡薄，安全基础知识不足，自我保护意识差，存在严重的侥幸心理。在行动上表现出随意性，按照自己的意志行事，不考虑后果。

（6）反复性。同一类型的事故在不同单位反复出现，同样的违章行为在同一单位、同一个人员身上，只要不造成严重后果，也会重复出现。有的违章行为即使带来了严重后果，但同类型的违章现象在其他人身上仍然会发生。

（7）不可预测性。任何事故的发生都是人、物、环境等诸多因素综合作用的结果。但是，由于作业人员多、工作环境千变万化，人的行为还要受情绪、家庭、经济、上下级关系等多方面因素的影响，当各种因素的综合作用对人有正面效应时，则可能遵章作业；反之则可能出现违章。

**二、习惯性违章的成因**

习惯性违章容易使人对安全生产产生麻痹思想，因为并非每次违章都能带来严重后果，久而久之，就会淡化"安全第一"的思想，进而使工作制度、组织纪律、工程质量等出现滑坡，最终造成各类伤亡事故及重大恶性事故的发生。

从历史原因来看，多数人对所发生的事故原因分析不清，对习惯性违章的危害认识不足，认为安全规程在操作中没有实际意义，因而遵守和执行起来不够认真与规范。从社会原因分析，一些职工在特定的社会环境里养成的不良习惯，是产生习惯性违章的一个重要因素。从心理原因来看，固有的操作方法是形成习惯性违章的重要原因，因为这些旧的做法已操作自如，要掌握新的操作方法和工艺就必须费心费力，在这种新旧交替过程中很容易导致习惯性违章行为。

1. 习惯性违章的主观因素

人的行为是人内在心理的反映，违章的行为来源于违章的心理。

（1）侥幸心理。认为在现场工作时，严格按照规章制度操作过于烦琐或机械，即使偶尔出现一些违章行为也不会造成事故。

（2）取巧心理。在作业现场，一些作业人员为贪图方便、怕辛苦，往往不遵守操作规程，擅自将几项操作内容自行合并，不办理工作票或未采取安全措施就开工，操作中不使用安全用具。

（3）逐利心理。个别作业人员（特别是在计件、计量工作中）为了追求高额计件工资、高额奖金等，将操作程序或规章制度抛在脑后，违章操作，盲目加快操作进度。

（4）偷懒心理。认为多一事不如少一事，多操作多做事就容易出事，所以不愿意认真学习专业知识和操作技能，操作中班组长或负责人让干什么就干什么，敷衍了事。

（5）逞能心理。作业人员在生产现场作业时，想当然，自以为是，盲目操作，部分作业人员自恃技术高人一筹，逞能蛮干，造成事故。

（6）自负心理。操作过程中出现故障或异常情况时，不是停止操作进行认真检查，而是自以为是，强行操作。

（7）从众心理。班组长或安全员违章，或班组内有人违章没有出现问题，大家就会对违章违纪习以为常，自己也就跟着别人违章违纪。

（8）盲从心理。培训过程中，师傅可能将一些习惯性违章行为也传授给了徒弟，徒弟如果不加辨识，全盘接受，就成为习惯性违章行为的继承者和传播者。

2. 习惯性违章的客观因素

实际工作中，外界因素也能诱发职工违章行为。

（1）工器具设计不合理。作业人员使用的工器具或防护用品设计不合理，是引发违章操作的一个重要原因。由于职工在使用过程中感到别扭，导致他们不愿意佩戴或使用。例如一些安全帽不具备透气功能，在炎热的气候条件下，职工佩戴此类安全帽在露天作业时容易出现中暑现象。

（2）作业环境不适。作业环境不适宜工人操作也是引发违章违纪操作的一个重要原因。例如工作现场的噪声、高温、高湿度、臭气等使人难以忍受，导致工人急于避开那个环境；或者作业空间过于窄小，难以按规程作业等。

（3）生产管理不善。管理上的缺陷，是潜在的事故隐患。安全管理不善具体表现在以下方面：

1）生产组织不当。班组长在组织生产、安排班组成员时，由于安排不当使班组成员间产生人际纠葛，致使相互间配合不好，信息不通，从而导致责任事故的发生。某供电局就发生过一起因工作安排不当造成的恶性误操作事故，当时变电站班长与某值班员发生了激烈的语言冲突，冲突稍平息后班长就安排该值班员操作，值班员带着满腔的怒火去操作，结果走错位置，造成严重伤害。

2）生产管理不当。班组长和安全员不仅要管理好职工，还应管理好班组的工器具，否则，职工使用了存在质量问题或过期而失效的工器具，很容易造成伤害事故。

3）违章指挥。班组长或安全员自身素质不高，工作中违章指挥，甚至带头违章，其影响相当恶劣。

4）工作作风不实。班组长和安全员工作作风不实，容易造成"上行下效"和"上有政策，下有对策"的恶果，是产生习惯性违章的温床。

（4）职工素质偏低。由于很多职工文化层次低，学习和掌握专业知识就存在一定困难，从而对企业的章程理解不透，容易出现违章，甚至出现了违章却不知其违章。

（5）生产条件较差。由于生产场所的条件差，影响职工的工作情绪，从而出现违章行为。

**三、控制习惯性违章的对策**

搞好安全生产，关键在人，要控制人的违章行为首先要控制人的违章行为的动机。人的违章行为的动机受一系列主客观因素的作用和影响，因此，需要对影响遵章守纪的一系列主客观因素进行动态的控制和管理。

1. 加强安全教育

（1）组织对安全规章制度的学习。首先，加强对班组长和安全员的培训，班组长和安全员是最直接的现场操作监控人员，他们对安全规章制度的掌握程度，决定了安全规章制度是否能得以贯彻。其次，加强全员安全培训，通过班组安全活动，利用提问的方式，加深岗位操作人员对安全规章制度的认识，可以按以下几个步骤提问：①你是怎样操作的？②这样操作是否符合安全规章制度？③不符合部分有哪些危险性？④安全规章制度能否改进？这种安全教育形式不仅使岗位工人知道安全规章制度是怎样规定的，而且知道为什么这样规定。

（2）培养遵守规章制度的自觉性。安全意识教育是提高职工安全素质、实现安全生产的重要措施。因此，必须加大安全教育力度，营造一个"以人为本、珍惜生命、关爱健康"的安全文化氛围。利用安全宣传园地、画展、录像等多种形式，学习安全知识，并常抓不懈，强化职工安全生产的忧患意识，帮助职工从反面典型事例中吸取教训，消除习惯性违章行为，增强遵章守纪的自觉性。同时，建立班组、车间以及企业内部的作业现场违章违纪检查、评比、公布制度，设立违章违纪曝光栏，定期公布违章行为，营造一种遵章守纪光荣、违章违纪可耻的氛围，形成强有力的群众监督机制。

2. 加强岗位技术培训

为提高职工安全操作技能，必须把职工岗位技能培训当作一件大事来抓，有计划、经常性地对职工进行岗位技能培训，针对各岗位生产实际广泛开展岗位练兵活动，以提高职工的安全技术、操作水平和事故状态下的应急处理能力，杜绝各类违章操作事故的发生。

3. 加强作业过程安全监控

安全员应对生产过程中的每一个环节进行现场监督，特别是对一些较为危险的作业环节要进行全过程的监控。监控前应熟知该作业环节的安全操作规程，监控中应对这些环节进行危险分析，发现违章行为必须坚决及时地制止。

4. 以标准化作业规范职工的操作行为

标准化作业是加强"三基"（基层、基础、基本功）工作的重要手段，是落实岗位责任制和各项规章制度的具体表现。实施标准化作业的目的是实现安全生产，提高效率，规范作业人员的操作行为，最终达到避免和杜绝由违章作业而导致的各类事故。

5. 完善安全约束机制

制定合理的考核机制，不能只重结果，更应注重过程。如果只重结果，奖励无事故单位，而"无事故"的背后，可能有很多违章行为的存在，违章可以得奖，这无疑是对违章行为的强化。因此，必须把执行安全规章制度的行为纳入考核范围，违章就要受到严惩，这样就强化了执行安全规章制度的意识，有利于促进安全生产。

# 第三节　作业场所危害辨识与治理

## 一、作业场所危害因素的种类

1. 按严重程度分类

包括正常、异常、紧急情况，正常情况是指正常的生产或工作状态，异常情况是指在生产活动试运行；停开工、检修以及发生故障时的情况；紧急情况是指火灾、爆炸等不可预见何时发生，可能带来的重大风险的情况。

2. 按危害类型分类

（1）机械危害，指造成人体挫伤、扎伤、压伤、倒塌压埋伤、割伤擦伤、骨折、撕脱伤、扭伤、切割伤、冲击伤等危害。

（2）物理危害，指造成人体辐射、冻伤、烧伤、烫伤、中暑等危害。

（3）生物性危害，指病毒、有害细菌、真菌等生物对人体造成突发病、感染等危害。

（4）人机工程危害，指不适宜的作业方式、作息时间、作业环境等引起的人体过度疲劳的危害。

（5）化学危害，指各种有毒有害化学品的挥发、泄漏所造成的人员伤害及设备损坏等危害。

（6）行为性危害，指不遵守安全法律法规、违章指挥、违章作业、违反劳动纪律所造成的人员伤害、设备损坏等危害。

### 二、危害因素辨识的方法

方法是辨识危险因素的工具，许多系统安全分析、评价方法都可用来辨识危害因素。选用哪种辨识方法，要根据分析对象的性质、特点、寿命以及分析人员的知识、经验和习惯来确定。常用的危害因素辨识方法大致可分为直观经验法和系统安全分析方法两大类。

1. 直观经验法

适用于有可供参考先例、有以往经验可以借鉴的危害辨识过程，不能应用在没有可供参考先例的新系统中。直观经验法又可分为对照经验法和类比方法。

（1）对照经验法。对照有关标准、法规、检查表，依靠分析人员的经验和判断能力，直观地评价对象的危险性和危害性的方法。对照经验法是危害辨识常用的方法，其优点是简单、易行，缺点是受辨识人员知识、经验和占有资料的限制，可能出现遗漏。为弥补个人判断的不足，常采取专家会议的方式来相互启发、交换意见、集思广益，使危害因素的辨识更加细致、具体。

对照事先编制的检查表辨识危害因素，可弥补知识、经验的不足，具有方便、实用、不易遗漏的优点，但所用的检查表必须具有针对性，表中所列的检查项目应包括主要危害因素。因此，检查表必须在丰富实践经验的基础上编制而成。

（2）类比方法。利用相同或相似系统或作业条件的经验和职业安全卫生的统计资料来类推、分析评价对象的危害因素。

2. 系统安全分析方法

应用系统安全工程评价的方法进行危害因素辨识。系统安全分析方法常用于复杂系统、没有事故经验的新开发系统。常用的系统安全分析方法有事件树（ETA）、事故树（FTA）等。

### 三、危害因素辨识的途径

1. 辨识危害因素的途径

辨识危害因素，就是把运行系统、设备和设施存在的缺陷和危害因素以及工作过程中人的不安全行为（包括习惯性违章）查找出来。主要从以下几个方面查找：

（1）从本企业、本车间、本班组已发生过的事故中，吸取经验教训，分析工作岗位的安全现状，检查判断是否存在发生事故的可能性，找出尚未觉察到的事故隐患。

（2）对本企业、本车间、本班组未遂事件进行分析，检查工作岗位是否存在着潜在的危险因素，检查事故预防措施是否真正落实。

（3）将职工的各种习惯性违章行为逐一列出，与操作规程对照，提出具体整改措施。

2. 辨识危害因素的内容

辨识危害因素是抓好安全工作的重要手段，其重点是查找"后天"性隐患，其主要内容有以下方面：

（1）运行设备、系统有无异常情况，如振动、声响、温升、磨损、腐蚀、渗漏等。

（2）设备的各种保护，如电气保护、自动装置、热工保护、机械保护装置等是否正常投运，动作是否准确、灵敏，是否进行定期校验。

（3）运行设备、检修设备的安全措施、安全标志是否符合有关规定和标准的要求。

（4）危险品的储存、易燃物品的保管和领用是否存在隐患，动火作业是否按有关规定进行。

（5）作业场所的粉尘浓度是否达到工业卫生的控制标准，防尘设施是否正常投用；有毒有害气体排放点的通风换气装置是否正常投用。

（6）现场的井、坑、孔、洞、栏杆、围栏、转动装置的防护罩是否符合规定要求；脚手架、平台、扶梯是否符合设计标准。

（7）作业场所照明是否充足，是否按规定使用低压安全灯。

（8）班组成员在作业时是否正确使用个人防护用品，工作中有无习惯性违章行为。

（9）班组成员是否按规定使用安全工器具，是否对其进行定期检查试验。

由于各工种作业的性质不同，查找隐患的重点也不尽相同。为了便于开展自查活动，可根据查找隐患的原则要求，结合生产作业实际，制订班组的安全检查表，上报车间。车间把相同或相似工种班组的安全检查表进行汇总、整理，上报企业，由企业有关部门组织工会、安全技术部门、生产技术部门进行审核，确认后颁发给各班组。班组即可按照安全检查表中所列的检查项目一一检查对照，认定隐患和研究消除措施。

查找隐患可以按每周（旬）、月、季等几种周期进行，对查找出的事故隐患如实登记，及时上报车间。所填写的登记表应包括如下内容：隐患登记时间、隐患项目名称、隐患地点、隐患类型、隐患危险等级、整改方案等。事故隐患危险等级一般分为五级：一级，不能继续作业，必须停产整改；二级，高度危险，必须立即整改；三级，显著危险，限期整改；四级，可能危险，需要整改；五级，危险性不确定，需要注意监视。

**四、危害因素治理的原则和措施**

1. 危害因素治理的原则

（1）彻底消除原则。即采用无危险的设备和技术进行生产，实现系统的本质安全。这样，即使人出现操作失误或个别部件发生故障，都会因有完善的安全保护装置而避免伤亡事故的发生。

（2）降低危害的严重程度原则。若危害因素由于某种原因一时无法消除时，应使危害因素的严重程度降低到人可以接受的水平。如作业场所中的粉尘不能完全排除时，可通过加强通风和使用个人防护用品，达到降低吸入量的目的。

（3）屏蔽和时间防护原则。屏蔽就是在危害作用的范围内设置障碍，如吸收放射线的铅屏蔽等。时间防护就是使人处在危害作用环境中的时间尽量缩短到安全限度之内，如国家已明确规定了噪声达到某一数值时，职工在此作业环境中的工作时间等。

（4）距离和不接近原则。对带电体应保持一定的距离，为此，规定了各级电压的安全距离。对于危险因素作用的地带，一般人员不得擅自进入。

（5）取代、停用原则。对无法消除危害因素的作业场所，应采用自动控制装置或机器代替人进行操作，人远离现场进行遥控；或者停用设备，如离带电体安全距离不足时，采用停电方式进行检查。

2. 危害因素治理的措施

（1）技术措施。主要包括：采用自动化、机械化作业；完善安全装置，如安全闭锁装置、紧急控制装置，按规定设置安全护栏、围板、护罩等；电气设备的接地、断路、绝缘；作业场所必需的通风换气，足够的照明，必要的遮光；符合规定要求的个人防护用品；危险区域或设备上设置警告标志。

（2）管理措施。强化现场监督，建立安全流动岗哨；实现标准化作业，规范操作人员的安全行为；开展"三不伤害"活动；坚持安全确认制，如操作前确认、开工前确认、危险作业安全确认；推广安全文化，提高安全意识，加大安全技能训练；实施安全目标管理；奖优罚责（事故责任者）。

（3）个人措施。操作人员在操作前要进行自我安全"考问"，即每一个操作者在进入现场工作前，首先进行自我安全提问，自我安全思考，考虑在作业过程中，"物"会不会发生危险，如出现坠落、倒塌、爆炸、泄漏、倾斜等危险；发生这些危险后，自己会不会受到伤害，如会不会被夹住、被物体打击、被卷入、烧伤、触电、中毒、窒息等。其次进行自我责任思考，考虑万一发生事故，自己应该怎样做，如何将事故的危害程度和损失降至最低。

**五、班组开展危险预知活动实例**

危险预知法作为一种简单、有效的危害辨识方法，广泛应用于班组和作业中。危险预知就是预先知道生产或作业过程中的危险性，进而采取措施，控制危险，保障安全。它是日本企业普遍采用的一种事故防范方法，它以"零灾害是大家的心愿，让工作场所更安全"为口号，将重视人，以人为中心，以零事故为目标作为出发点，通过生动的安全活动，造就良好的安全环境。通过危险预知活动可发现、掌握、解决作业岗位的危险。活动分为"把握现状"（目前存在什么样的潜在危险）、"追究本质"（分析什么是危险点）、"确立对策"（应该怎么做）、"设定目标"（按正确的方法去做）四个阶段实施。在班前会、作业中要求职工养成查找危险的习惯，做任何事情都要分析潜在的危险因素，然后采取相应的预防措施，消除或降低危险。

1. 危险预知的实施方法

根据实践中的基本做法，危险预知活动是按作业系统、生产班组、作业岗位和工序流程开展的。主要的实施方法如下：

（1）系统危险预知。以一个作业系统或作业区域为单元，对施工现场进行危险预知。施工现场可利用"安全确认板"，对确认的问题进行排序，并悬挂在固定地方。确认合格的画"√"，不合格的画"×"。牌板上有"×"的不允许进入下一道工序施工，必须都是"√"时才允许继续施工或开工。

（2）班组危险预知。以班组为单元，由班组长在生产现场组织组员开展全面的隐患排查，并以此为基础分析危害因素，制定整改及防范措施，实行全员确认签字。活动中，要充分发挥组员的主观能动性，实现自我教育、自我整改、自我保护、自我管理。

（3）岗位危险预知。职工上岗操作前，必须对安全装置、作业环境、工具器具进行安全确认。在现场检查→发现问题→制定措施→排除隐患→确认安全这五个环节中，必须用"安全确认板"予以确认，做到不进行危险预知不开工，不安全确认不开工。

（4）工序危险预知。将工作项目按工序细分成若干具体操作环节，针对每个操作环节可能出现的安全问题，职工在完成一个操作环节后，依据操作规程和安全技术措施予以确认，之后方能进入下一道操作环节。

要搞好危险预知，就要加强职工的危险预知训练。对班组成员应有计划地进行安全技术轮训；分析研究事故案例，事先推测和估计每项工程、每项操作的危险因素和可能产生的结果；模拟常见的设备故障，有针对性地采取技术防范措施，找出安全对策，营造良好的班组安全文化氛围。

2. 危险预知的实施程序

以班组危险预知来介绍危险预知的实施程序。职工上岗前特别是各类检修、施工项目作业前，必须开展危险预知活动，做到"三不开工"，即没有危险预知不开工，没有安全交底不开工，没有安全监护人不开工。

（1）根据作业内容进行危险辨识。职工按照相关的技术标准，查找作业场所中的危害因素，从而了解可能产生的危险。具体措施是：班组长在班前会上，检查组员的工作服穿戴是否规范和作业前精神状态是否良好；班组长总结上一个班的工作，分析是否会给本班带来危险；安排布置本班工作任务，进行安全交底，明确责任人、安全监护人、作业时间、作业地点和环境状况；班组长向组员询问，干此项工作有什么潜在的危险（包括固有的、作业中产生的）；组员想象自己已置身于作业当中，尽力找出危险因素（包括人、机、物、环境、管理等方面的不安全因素），大胆地发言，不论是否正确；推想找出的危险因素会引发的事故（可能不止一种后果，应尽可能找全），进行讨论；班组长就大家找出的危险，逐一进行宣读确认，避免漏掉不是主要的却是危险的项目。

（2）对找出的危险因素进行分类。通过讨论，从诸多危险中找出大家一致认为是危险且易造成伤害的因素。具体措施是：班组长对每个组员进行询问，检查确认是否都对找出的危险有所了解和重视；对查出的危险因素进行适当分类。第一类："这个危险不会造成伤害"，第二类："这个危险可能造成伤害"。剔除第一类问题，对第二类问题再次分类，找出大家认为最有可能造成伤害的因素。班组长第二次向大家确认，要求组员对这样的危险因素记清楚。

（3）制定安全措施。针对查找出的重要危险因素，制定合理、有效的防范措施，并进行确认。具体措施是：对第二类中的重要危险因素，开展班组成员间的集体讨论，提出切实可行的措施；对具体措施进行分类，把"作业前必须马上采取的措施"作为重点实施项目确定下来；把班组的安全目标定位在"危险状况下必须采取措施实现安全作业"；班组长就确定的内容对组员进行最后的确认，检查是否有遗漏的危险和措施。

危险预知后，要根据预知结果进行逐项落实。如果作业现场发生意想不到的情况，还应适时纠正预知结果，并及时通知每一个作业职工。班组成员要在作业前静思一分钟，即静思危险预知中确认的作业危险的特征、原因及应采取的措施，思考自己如何在作业中避免危险，在有心理和行动上的把握后才可以开始作业；作业中沉思一分钟，即检查作业中自己的行为是否符合《岗位作业标准》《安全检查表》以及危险预知结果的要求；作业后反思一分钟，反思作业中是否按危险预知的要求进行了作业，对没有做好的工作，提醒自己下次注意，并在下次的班前会上加以说明，与其他组员进行交流。

3. 危险因素的防范措施

（1）危险因素的防范措施。危险预知中，对查找出来的危险，应采取下列四种措施加以有效的防范：一是直接安全技术措施，即生产设备本身应具有本质安全性能，不出现任何事故和危险；二是间接安全技术措施，即若不能或不能完全实现直接安全技术措施时，必须为生产设备加装安全防护装置，最大限度地预防、控制事故的发生；三是指示性安全技术措施，即在间接安全技术措施也无法实现或实施时，须采用报警、警示标志等，警告提醒作业人员注意，以便采取相应的对策措施或紧急撤离危险场所；四是若间接、指示性安全技术措施仍不能避免事故发生时，则应采用岗位作业标准、安全教育和个体防护等措施来预防和降低系统的危险、危害程度。

（2）危险因素的防范手段。可采取下列具体的技术手段来消除和减弱危险因素的影响。

1）消除。即通过合理的计划、组织和操作，从根本上消除物、机、环境中存在的危险及有害因素，努力消除人的思想和行为上的不安全因素，实现本质安全化。

2）预防。即当消除危险有困难时，可采取预防性技术措施，如增加防护罩、高处作业系好安全带、按《岗位作业标准》作业等防护措施。

3）减弱。即在无法消除危险源和难以采取预防措施时，可采取减少危害的措施，如降温、降噪、高温作业间断休息等。

4）隔离。即在前者都无法实现的情况下，应将有害因素与人员隔开，如加隔离栏、防护棚等。

5）联锁。即当操作者失误易造成伤害或设备运行达到危险状态时，通过联锁装置，终止危险进行，如皮带的联锁系统。

6）警告。即在易发生故障、事故或危险性较大的地方，配置醒目的识别标志，必要时，可采用声、光等报警装置，如设置标志牌等。

4. 班组开展危险预知活动应注意的问题

（1）班组长和安全员要对危险点了如指掌，明确指出班组管辖范围或承担的作业项目。

（2）班组成员应对所承担的项目、任务、可能发生的事故、造成的伤害，如触电、起重伤害、落物坠入、火灾爆炸、中毒窒息等，在作业前仔细预想，并明确防范对策，防患于未然。

（3）班组成员应会写危险报告，从人、机、料、法、环几个方面细化分析，认真填写危险预知报告书后，交班组长或安全员批准，并在作业前的准备会上做出交底。要着重从作业状况、发生事故因素、潜在危险、重点对策、预防措施等方面下工夫，以提高自我保护能力和事故处理能力。

（4）就每一具体作业项目而言，班组长和安全员都要按照"人员是否足够、素质是否适应、配合是否默契、方案是否可行"的要求，精心组织，合理安排。

5. 班组开展危险预知活动的要求

（1）调动职工参与的积极性。危险预知可根据事故征兆，预知事故的来临，从而避免和减少事故的发生。班组危险预知活动是作业前的预测，通过对各种危险因素的预测，如冶金生产作业的班组，可对作业中的高温、高压、易燃易爆物质、粉尘、毒物等危险有害因素进行预测，提出针对性的防范措施，并将其作为职工的作业指南。如果每一名职工都积极参与，各级管理部门都高度重视，群策群力，研究落实方案，便可以预防事故的发生。

（2）发挥安全员的作用。危险预知活动往往利用班组安全活动日，在安全员指导下进行。安全员的主要工作是：首先，调动班组成员参与此项活动的积极性，充分发挥个人的特点和优势，协调彼此间的异同。其次，深入细致地做好思想工作，做到晓之以理，动之以情，激发职工参与此项活动的热情，让所有的组员自由发挥，踊跃发言，使班组危险预知活动总是在一种活跃、兴奋的气氛中进行。

（3）有条不紊地开展活动。稳步、细致、扎实地落实四个阶段，即发现问题、研究重点、提出措施、确定方案四个阶段。各阶段不应混淆，要循序渐进。可以用图例或现场查看等多种形式，从"人、机、环境、管理"四个方面排查可能出现的危险因素，设想危险因素可能引起事故。由于考虑"要控制什么危险"比考虑"有什么危险"更为困难，这就要求我们准确抓住重要危险因素，重点解决那些对班组最重要、最紧急的危险。根据工程作业条件、人员素质等情况，结合安全操作规程和职工提出的意见来确定措施，并将控制措施落实到人。

（4）建立合理的考核制度。对班组危险预知活动开展考核，应以表扬奖励为主，批评惩罚为辅。在活动开展过程中，对于那些积极参加，勇于解决疑难问题的职工，应适当给予奖励；对于不参加活动的职工，应适当予以惩罚。客观公正地奖惩，并将奖惩结果及时兑现，这样就能使职工在思想上、行动上重视这个活动。

## 第四节　作业场所的布置与清理

作业场所占有一定的生产空间，有必需的机器、设备、工具、器具和物料。这些机器、设备、工具、器具和物料等统称为元件。作业场所布置是指规划、安排与定位机器、设备、物质流程、各种管线，使它们的空间定位达到高效、协调、安全、舒适。科学、合理地布置作业场所，对提高生产效率、保证作业安全起到重要的作用。

**一、作业场所的布置原则**

1. 作业场所布置不合理的状况

作业场所布置不良的状况主要表现在物、信息、卫生条件等方面，具体如下：

（1）物布置不合理。如设备布置不合理；材料、物品的布置与堆放不符合要求等。

（2）现场物料规划不合理。如生产场地、通道、物流路线、物品临时滞留区与交验区、废品回收点等的布置不合理等。

（3）安全距离不足。设备布局、设备间距等不符合安全规范要求。

（4）安全标志不符合要求。主要表现在不按安全生产要求设置各类安全警示标志。

（5）卫生条件不良。如由于生产设备存在"跑""冒""滴""漏"的现象，使得作业场所脏、乱、差。

2. 作业场所布置的原则

任何元件都有其最佳的布置位置，这取决于人的感受、人体的特征及作业的性质。对于一定的作业场所，由于机器、设备、工件、工具以及其他元件很多，要使每个元件都处于其本身理想的位置就很困难。因此，必须依据一定的原则来安排。

（1）人机工程学原则。从人机系统的整体来考虑，作业场所的布置最重要的是保证操作人员能够方便、准确、安全地操作。

（2）重要性原则。即优先考虑对于实现系统作业目标或达到其他性能的最重要的元件，将它们布置在本身理想的位置，如紧急制动装置，其安装位置必须保证设备出现异常情况时，操作人员能够迅速而准确地进行操作。

（3）使用频率原则。工具、器具、物料等应按其使用的频率优先排列，经常使用的元件应布置在作业者易见、易及的位置，如冲床的动作开关。

（4）功能原则。即按设备、控制装置、工具等元件的功能相关关系来进行适当的编组排列及布置，如配电指示与电源开关应处于同一布置区域，温度显示器与温度控制器应编组排列。

（5）使用顺序原则。即根据元件使用的时间顺序，将元件按使用顺序排列布置，以使作业方便、高效。如开启电源、启动机床、查看变速标牌、变换转速等。

在进行作业场所总体布局规划时，应遵循上述定位原则；而在进行具体元件布置定位时，还应考虑其他一些因素。由于元件布局涉及的因素较多，因而要统一考虑，全面权衡。一次布局很难一步到位，需要经常进行调整，使机器设备布局逐步趋于合理，以利于操作、监督和管理。

**二、作业场所的布置方法**

1. 保证适当的作业空间

生产作业需要适当的作业空间，这直接关系到操作人员的操作效率和舒适程度。空间太小，可能会影响操作人员的活动，影响劳动生产率，有时甚至会引起人身伤害事故；空间太大，则是一种浪费，同样也会影响劳动生产率，并且使操作人员之间相互隔离，产生不必要的疏远感。

要设计、规划出良好的作业空间，就应按照生产作业的要求，对机器、设备、工具进行合理的空间布置，并合理地安排机器设备上的控制装置、显示装置和零部件的位置。在进行空间定位时，应注意以下几点：

（1）考虑操作人员的行动空间。在作业空间中，操作人员的各种动作是为了实现作业目的或满足其自身活动的需要。在实际操作中，操作人员在实现作业目的的动作中，往往会加进一些实现他们自主目的的动作，如离开工作位置或移动等。因此，其活动空间应比作业空间宽敞些，使每个生产岗位有足够的空间。

（2）考虑协同作业空间。实际作业中，常常不是一个人单独作业，而是由多人组成的集体作业。他们在按照自身的生产任务独自进行作业的同时，还会彼此交流信息，相互协作。这种集体作业的空间，并非单个人和物形成空间的简单叠加，必须考虑人与人之间相互交流信息和协同作业的需要，保证作业人员之间的联系方便。

（3）考虑预留空间。生产过程是一个动态过程，预留空间范围在生产中也是动态的，如原材料、半成品、成品的堆放空间，车间内运输设备的移动空间等。作业空间定位确定后，就要考虑进行管线、线路、安全装置等的布置和设计，如材料、物品的搬运路线布局、各种管线的布局、危险部位防护栏或安全装置的设计、车间内各种标志的布设等。

2. 进行合理规划和布局

（1）总体布置。在进行总体布置时，应考虑以下问题：

1）把使用频率高和最重要的设备、操纵控制装置及显示装置布置在最佳作业范围内（最显眼和最易触及的地方），以便于操作人员观察和操作。

2) 依据操作的顺序进行布置，保证整个作业不空转、不倒流，有条不紊地进行。

3) 符合人的生理和运动特性，做到人的手臂或脚活动的路线最短、最舒适，并能准确地进行操作，使人工作起来既高效又不易疲劳。

4) 人流物流的通行既畅通又安全。

（2）操纵控制装置与显示装置的布置。作业岗位很少只有单个仪表或单个操纵控制装置，而是由一定数量的仪表和操纵控制器组成控制显示装置。因此，布置时应注意以下问题：

1) 选择最佳认读区域和配置方法布置显示装置，以提高认读的效果，减少巡检时间，提高工作效率。

2) 操纵控制装置布置的位置除应遵循时间顺序、功能顺序、使用顺序、重要性及运动方向原则之外，还应考虑各种控制装置本身的操作特点，将其布置在该种控制的最佳操作区域之内。如颜色编码控制器应布置在最佳视觉域之内。此外，联系较多的控制装置应尽量相互靠近，排列和位置应符合其操作程序和逻辑关系。

3) 控制装置之间的间距要合理。间隔过小，虽排列紧凑，观察方便，但容易造成误操作。

4) 避免操作对显示的干扰。在操纵控制器时，肢体往往会遮挡显示器，或者显示器受控制器的照明灯光干扰，使操作人员无法监视到某些信息而造成事故。解决显示受干扰的问题，需要安排较柔和的照明，以减少灯影；同时要处理好灯光照明的角度，尽量不让照明灯光直射到仪表区，以免把肢体的影子打在仪表盘上。

5) 各种控制装置在形状、大小或颜色上要彼此有所区别，以避免误操作。

（3）作业岗位布局：

1）运用人机工程原理，按照生产工艺要求，将设备、工具、物料放置在适当的位置，使操作人员拿取省力，使用方便，避免寻找。

2）工作台、控制台和座椅尺寸要符合人体测量学的原则，保证操作人员能采取良好的劳动姿势。

3）零件箱的设计应便于核查数量，其排列和摆放位置应尽可能地在正常操作范围内，不超过最大操作范围；工具箱内应合理摆放物品，上层放轻的、精密的工具，下层放重的工具。

4）保证适当的机器间距和足够宽度的作业通道。

5）指示灯及开关应按规定着色，说明标签的字迹应清晰易读。

（4）防止误操作的措施。虽然将控制装置的间隔和位置都布置得较为合理，但有时还会出现误操作。因此，为避免重要的操纵控制装置发生误操作，可采取以下措施：

1）将按钮或旋钮设置在凹入的底座之中，或加装栏杆等。

2）使操作人员的手部在越过控制装置时，手的运动方向与控制装置的运动方向不一致，这样，即使控制装置被经过的手碰到也不会产生误动作。

3）在控制装置上加盖或加锁，也可增加操作阻力，使之在较小外力的作用下不会动作。

4）按固定顺序操作的控制装置，可以设计成联锁的形式，使之必须依次操作才能动作。

**三、作业场所的清理与整顿**

生产过程中不断有原材料输入，不断有半成品、成品产出，同时还有许多边角料、废料等产生，这将使作业场所变得无序、杂乱，从而导致事故的发生。因此，必须经常对作业场所进行清理和整顿，保持其整洁、有序，实现文明、高效生产。

1. 作业场所的清理

清理就是对作业场所的物品按需要和不需要两大类分开，并清除不需要的物品。分类的原则是，凡生产活动所必需的物品和生产过程中的产品均为需要物品，如机器、设备、工具、各种原材料、辅助材料以及成品、半成品等；这些以外的物品都是不需要的物品，如生产过程中产生的边角料和废料等，不需要的物品必须及时清除。应在作业场所之外确定废料存放地点，封闭遮盖并及时清运；对于边角料则应确定适当的存放地点，不同的边角料分别存放，以便回收利用。

2. 作业场所的整顿

整顿就是把需要的物品以适当的方式放在合适的地点，以便于使用。

（1）确定物品的存放位置。根据作业方式及物品的性质、特点和使用频率等情况，确定其存放位置。

1）使用频率高，即经常使用的工具、物品应放在附近，便于拿取。

2）不常用的物品应整齐地放入箱、柜内，或者物品架上。

3）很少用的物品应放进公用箱、柜内，由专人妥善保管。

4）本着安全、方便的原则确定材料和成品的放置地点。

5）对于推车等简易搬运工具也应明确规定放置地点（包括工作中暂放的地点）。

6）易燃易爆物质、毒品、腐蚀品、压缩气体等危险物品，要有专门的场所存放、保管。

7）任何情况下，安全通道上都不允许堆放物品。

（2）确定物品的放置方式：

1）物料堆放时，重物在下，轻物在上；易损物品要固定，易倒物品要挤压住，长件要放倒。

2）立体堆放的材料和物品要限制堆放高度，不得超过底边长度的 3 倍。

3）安全通道和堆放物品的场所要划出明显的界限或架设围栏；堆放物品的场所应悬挂标牌，写明放置物品的名称和要求。

4）化学危险物品的放置、保管要符合国家《化学危险物品安全管理规定》的要求。

5）对危险物品要严禁超量存放。

**四、"5S" 活动介绍**

1. "5S" 活动的内容

"5S" 是整理（Seiri）、整顿（Seiton）、清扫（Seisov）、清洁（Seiketsu）和素养（Shitsuke）这 5 个词的缩写。因为这 5 个词日语中罗马拼音的第一个字母都是 "S"，所以简称为 "5S"，开展以整理、整顿、清扫、清洁和素养为内容的活动，称为 "5S" 活动。

"5S" 活动起源于日本，并在日本企业中广泛推行，它相当于我国企业开展的文明生产活动。"5S" 活动的对象是现场的 "环境"，它对生产现场环境全局进行综合考虑，并制订切实可行的计划与措施，从而达到规范化管理。"5S" 活动的核心和精髓是素养，如果没有职工队伍素养的相应提高，"5S" 活动就难以开展和坚持下去。

（1）整理。把要与不要的人、事、物分开，再将不需要的人、事、物加以处理,这是开始改善生产现场的第一步。

整理的目的是:①改善和增加作业面积;②现场无杂物,行道通畅,提高工作效率;③减少磕碰的机会,保障安全,提高质量;④消除管理上的混放、混料等差错事故;⑤有利于减少库存量,节约资金;⑥改变作风,提高工作情绪。

进行整理时应遵循以下原则:

1)对作业场所内各种物品进行分类,区分什么是现场需要的,什么是现场不需要的。把永远不可能用到的物品清理掉;把长期不用,但有潜在可用性的物品放置在指定地点;把经常使用的物品放在容易取到的地方。

2)把现场不需要的物品坚决清理掉,如剩余的材料、多余的半成品、切下的料头、切屑、垃圾、废品、报废的设备等。

3)彻底搜寻和清理车间的各个角落,包括工位和设备的前后、通道左右以及工具箱内外,使作业现场内无不用之物。

(2)整顿。经过前一步的整理后,对生产现场留下的所需物品进行合理的布置和摆放,以便用最快的速度取到所需之物,在最简捷的流程下完成作业。对作业场所的整顿,可使作业人员在操作中忙而不乱,要用的物品随手可得。生产现场物品的合理摆放有利于提高工作效率和产品质量,保障生产安全。这项工作已经发展成一项专门的现场管理方法——定置管理。

整顿时应注意以下几点:

1)物品摆放要有固定的地点和区域,以便于寻找,消除因乱放而造成的差错。

2)物品摆放的地点要科学合理。经常使用的东西应放得近些,偶尔使用或不经常使用的东西则应放得远些（如集中放在车间某处），危险物品应在特定的场所内保管。

3）物品摆放目视化，使定量装载的物品做到过目知数，摆放不同物品的区域应采用不同的色彩和标志加以区别。

整顿后，作业场所应呈现这样的面貌：区域划分有界限，不同的生产线、工序设有标志牌，工位、设备、工具摆放整齐；物料架有标示，档案柜有标志，文件、记录等物品放置有规则；不同物料用适当的标志来区分，物料和物品放置整齐、妥当、美观；通道畅通、无杂物；工作台台面整洁，抽屉不杂乱等。

（3）清扫。把工作场所打扫干净，设备异常时马上修理，使之恢复正常。生产现场在生产过程中会产生灰尘、油污、铁屑、垃圾等，从而使现场变脏。脏的现场会使设备精度降低，故障多发，影响产品质量，使安全事故防不胜防；脏的现场更会影响人们的工作情绪，使人不愿久留。因此，必须通过清扫活动来清除那些脏物，创建一个明快、舒畅的工作环境。

清扫时应注意以下几点：

1）建立清扫责任区，明确责任人。一般情况下，自己使用的物品，如机器、设备、工具等应自己清扫，不设专门的清扫人员。

2）对设备的清扫，着眼于对设备的维护保养。清扫设备要同设备的点检结合起来，清扫即点检；清扫设备要同时做设备的润滑工作，清扫也是保养。

3）清扫也是为了改善。当清扫地面发现有飞屑和油水泄漏时，要查明原因，并采取措施加以改进。

（4）清洁。清洁是对前三项活动的保持和深入，在整理、整顿、清扫之后，使现场保持整洁和最佳状态，从而消除产生不安全因素的根源。同时，一个良好的工作环境，可使作业人员能愉快地工作。清洁过程中应注意以下问题：

1）工作环境不仅要整齐，而且要清洁卫生，应消除工作环境中的有害因素（如有毒气体、粉尘、噪声和污染源等），保证职工身体健康、心情舒畅。

2）不仅物品要清洁，作业人员自身也要保持清洁，如工作服要清洁、仪表要整洁等。

3）作业人员在保持仪表整洁的同时，还要有良好的精神面貌和极大的工作热情，讲文明，关爱他人。

4）将整理、整顿、清扫做到制度化、规范化，保持取得的成果。

清洁的标准应包括：地面、墙面清洁；物料架清洁，物料上无积尘；通风良好，空气干净清爽；设备、工作台台面、办公桌桌面清洁；光线充足，亮度适宜。

（5）素养。素养即教养，努力提高人员的素养，养成严格遵守规章制度的习惯和作风，这是"5S"活动的核心。没有人员素质的提高，各项活动就不能顺利开展，开展了也坚持不了。所以，抓"5S"活动，要始终着眼于提高人的素质。

2. "5S"活动的开展

开展"5S"活动，营造一个清洁、整齐、宽敞、明亮的工作环境，不仅能使物流一目了然，大大提高现场作业的安全性，而且能提升职工的归属感，形成自觉按要求生产作业、按规定使用保养工器具的良好习惯。要开展好"5S"活动，应把握以下几点：

（1）依靠职工的力量。应当充分依靠现场人员，由现场的当事人员自己动手为自己创造一个整齐、清洁、方便、安全的工作环境，使他们在改造客观世界的同时，也改造自己的主观世界，产生"美"的意识，养成现代化大生产所要求的遵章守纪、严格要求的风气和习惯。因为是自己动手创造的成果，也就容易保持和坚持下去。

（2）设立样板区。推行"5S"管理活动，可先从样板开始。先选出一个区域作为样板区，集中精力对该区进行5S改善，然后要求其他区域按样板区域的做法进行"5S"活动工作。这种以点带面的做法可以让员工尽快看到改善成果，统一认识，而且还是对员工进行教育，增强员工问题意识的有效手段。

（3）活动要持之以恒。"5S"活动开展起来比较容易，可以搞得轰轰烈烈，在短时间内取得明显的效果，但要坚持下去，持之以恒，不断优化就不太容易。不少企业发生过一紧、二松、三垮台、四重来的现象。因此，开展"5S"活动，贵在坚持，为将这项活动坚持下去，企业首先应将"5S"活动纳入岗位责任制，使每一部门、每一人员都有明确的岗位责任和工作标准；其次，要严格、认真地搞好检查、评比和考核工作，将考核结果同各部门和每一人员的经济利益挂钩；第三，要坚持PDCA循环，不断提高现场的"5S"水平，即要通过检查，不断发现问题，不断解决问题。因此，在检查考核后，还必须针对问题，提出改进的措施和计划，使"5S"活动坚持不断地开展下去。

# 第六章 事故现场急救与逃生

当工作场所发生人身伤害事故后，如果能采取正确的现场应急、逃生措施，可以大大降低死亡及出现后遗症的可能性。因此，每个职工都应熟悉急救、逃生方法，以便在事故发生后自救互救。

## 第一节　常用的急救方法

### 一、心肺复苏法

当心跳呼吸骤停后，循环呼吸即告终止。在呼吸循环停止后 4～6 min，脑组织即可发生不易逆转的损伤；心跳停止 10 min 后，脑细胞基本死亡。所以必须争分夺秒，采用心肺复苏法（人工呼吸和胸外心脏挤压）进行现场急救。

1. 人工呼吸的操作方法

当呼吸停止、心脏仍然跳动或刚停止跳动时，用人工的方法使空气进出肺部，供给人体组织所需要的氧气，称为人工呼吸法。采用人工的方法来代替肺的呼吸活动，可及时而有效地使气体有节律地进入和排出肺脏，维持通气功能，促使呼吸中枢尽早恢复功能，使处于"假死"的伤员尽快脱离缺氧状态，恢复人体自动呼吸。因此，人工呼吸是复苏伤员的一种重要的急救措施。

人工呼吸法主要有两种，一种是口对口人工呼吸法，即让伤员仰面平躺，救护者跪在伤员一侧，一手将伤员下颌合上并向后托起，使伤员头部尽量后仰，以保持呼吸道畅通。另一手捏紧伤员的鼻孔（避免漏气），并将手掌外缘压住额部。深吸一口气后，对准伤员的口，用力将气吹入。同时仔细观察伤员的胸部是否扩张隆起，以确定吹气是否有效和吹气是否适度。当伤员的前胸壁扩张后，停止吹气，立即放松捏鼻子的手，并迅速移开紧贴的口，让伤员胸廓自行弹回呼出空气。此时注意胸部复原情况，倾听呼气声，如吹气时伤员胸臂上举，吹气停止后伤员口鼻有气流呼出，表示有效。重复上述动作，并保持一定的节奏，每分钟均匀地做 16～20 次，直至伤员自主呼吸为止。

另一种是口对鼻吹气法。如果伤员牙关紧闭不能撬开或口腔严重受伤时，可用口对鼻吹气法。用一手闭住伤员的口，以口对鼻吹气。

2. 胸外心脏挤压的操作方法

若感觉不到伤员脉搏，说明心跳已经停止，需立即进行胸外心脏挤压。具体做法是：让伤员仰卧在地上，头部后仰；抢救者跪在伤员身旁或跨跪在伤员腰的两旁，用一手掌根部放在伤员胸骨下 1/3～1/2 处，另一手重叠于前一手的手背上；两肘伸直，借自身体重和臂、肩部肌肉的力量，急促向下压迫胸骨，使其下陷 3～4 cm；挤压后迅速放松（注意掌根不能离开胸壁），依靠胸廓的弹性，使胸骨复位。此时心脏舒张，大静脉的血液就回流到心脏。反复地有节律地进行挤压和放松，每分钟 60～80 次。在挤压的同时，要随时观察伤员的情况。如能摸到颈动脉和股动脉等搏动，而且瞳孔逐渐缩小，面有红润，说明心脏挤压已有效，即可停止。

3. 进行心肺复苏时要注意的问题

（1）实施人工呼吸前，要解开伤员领扣、领带、腰带及紧身衣服，必要时可用剪刀剪开，不可强撕强扯。清除伤员口腔内的异物，如黏液、血块等；如果舌头后缩，应将舌头拉出口外，以防堵塞喉咙，妨碍呼吸。

（2）口对口吹气的压力要掌握好，开始可略大些，频率也可稍快些，经过一二十次人工吹气后逐渐降低压力，只要维持胸部轻度升起即可。

（3）进行胸外心脏挤压抢救时，抢救者掌根的定位必须准确，用力要垂直、适当，要有节奏地反复进行。防止因用力过猛而造成继发性组织器官的损伤或肋骨骨折。

（4）挤压频率要控制好，有时为了提高效果，可加大频率，达到每分钟 100 次左右。抢救工作要持续进行，除非断定伤员已复苏，否则在伤员没有送达医院之前，抢救不能停止。

一般来说，心脏跳动和呼吸过程是相互联系的，心脏跳动停止了，呼吸也将停止；呼吸停止了，心脏跳动也持续不了多久。因此，通常在做胸外心脏挤压的同时，进行口对口人工呼吸，以保证氧气的供给。一般每吹气一次，挤压胸骨 3～4 次；如果现场仅一人抢救，两种方法应交替进行：每吹气 2～3 次，就挤压 10～15 次，也可将频率适当提高一些，以保证抢救效果。

## 二、止血法和包扎法

人体在突发事故中引起的创伤，如割伤、刺伤、物体打击和辗伤等，常伴有不同程度的软组织和血管的损伤，造成出血征象。一般来说，一个人的全身血量在 4 500 mL 左右。出血量少时，一般不影响伤员的血压、脉搏变化；出血量中等时，伤员就有乏力、头昏、胸闷、心悸等不适，有轻度的脉搏加快和血压轻度降低；若出血量超过1 000 mL，血压就会明显降低，肌肉抽搐，甚至神志不清，呈休克状态，若不迅速采取止血措施，就会有生命危险。

1. 常用止血方法及适用部位

常用的止血方法主要是压迫止血法、止血带止血法、加压包扎止血法和加垫屈肢止血法等。

（1）压迫止血法。这是一种最常用、最有效的止血方法，适用于头、颈、四肢动脉大血管出血的临时止血。当一个人负伤流血以后，只要立刻用手指或手掌用力压紧伤口附近靠近心脏一端的动脉跳动处，并把血管压紧在骨头上，就能很快起到临时止血的效果。

若头部前面出血时，可在耳前对着下颌关节点压迫颞动脉；头部后面出血时，应压迫枕动脉止血，压迫点在耳后乳突附近的搏动处。颈部动脉出血时，要压迫颈总动脉，此时可用手指按在一侧颈根部，向中间的颈椎横突压迫，但绝对禁止同时压迫两侧的颈动脉，以免引起大脑缺氧而昏迷。上臂动脉出血时，压迫锁骨上方，胸锁乳突肌外缘，用手指向后方第一肋骨压迫。前臂动脉出血时，压迫肱动脉，用四个手指掐住上臂肌肉并压向臂骨。大腿动脉出血时，压迫股动脉，压迫点在腹股沟皱纹中点搏动处，用手掌向下方的股骨面压迫。

（2）止血带止血法。适用于四肢大出血。用止血带（一般用橡皮管、橡皮带）绕肢体绑扎打结固定。上肢受伤可扎在上臂上部1/3处；下肢扎于大腿的中部。若现场没有止血带，也可以用纱布、毛巾、布带等环绕肢体打结，在结内穿一根短棍，转动此棍使带绞紧，直到不流血为止。在绑扎和绞止血带时，不要过紧或过松。过紧造成皮肤或神经损伤；过松则起不到止血的作用。

（3）加压包扎止血法。适用于小血管和毛细血管的止血。先用消毒纱布或干净毛巾敷在伤口上，再垫上棉花，然后用绷带紧紧包扎，以达到止血的目的。若伤肢有骨折，还要另加夹板固定。

（4）加垫屈肢止血法。多用于小臂和小腿的止血，它利用肘关节或膝关节的弯曲功能，压迫血管达到止血目的。在肘窝或腘窝内放入棉垫或布垫，然后使关节弯曲到最大限度，再用绷带把前臂与上臂（或小腿与大腿）固定。

如果创伤部位有异物不在重要器官附近，可以拔出异物，处理好伤口。如无把握就不要随便将异物拔掉，应立即送医院，经医生检查，确定未伤及内脏及较大血管时，再拔出异物，以免发生大出血措手不及。

2. 常用包扎法及适用部位

有外伤的伤员经过止血后，就要立即用急救包、纱布、绷带或毛巾等包扎起来。及时、正确的包扎，既可以起到止血的作用，又可保持伤口清洁，防止污物进入，避免细菌感染。当伤员有骨折或脱臼时，包扎还可以起到固定敷料和夹板的作用，以减轻伤员的痛苦，并为安全转送医院救治打下良好的基础。

（1）绷带包扎。主要有：环形包扎法，适用于颈部、腕部和额部等处，绷带每圈须完全或大部分重叠，末端用胶布固定，或将绷带尾部撕开打一活结固定；螺旋包扎法，多用于前臂和手指包扎，先用环形法固定起始端，把绷带渐渐斜旋上缠或下缠，每圈压前圈的一半或1/3，呈螺旋形，尾端在原位缠两圈予以固定；"8"字包扎法，多用于肘、膝、腕和踝等关节处，包扎是以关节为中心，从中心向两边缠，一圈向上、一圈向下包扎；回转包扎法，用于头部的包扎，自右耳上开始，经额、左耳上，枕外粗隆下，然后回到右耳上始点，缠绕两圈后到额中时，将带反折，用左手拇指、食指按住，绷带经过头顶中央到枕外粗隆下面，由伤员或助手按住此点，绷带在中间绷带的两侧回返，直到包盖住全头部，然后缠绕两圈加以固定。

（2）三角巾包扎：

1）头部包扎法，将三角巾底边折叠成两指宽，中央放于前额并与眼眉平齐，顶尖拉向脑后，两底角拉紧，经两耳的上方绕到头的后枕部打结。如三角巾有富裕，在此交叉再绕回前额结扎。面部包扎法，先在三角巾顶角打一结，套在下颌处，罩于头面部，形似面具。底边拉向后脑枕部，左右角拉紧，交叉压住底边，再绕至前额打结。包扎后，可根据情况，在眼、口处剪开小洞。

2）上肢包扎法，上臂受伤时，可把三角巾一底角打结后套在受伤的那只手臂的手指上，把另一底角拉到对侧肩上，用顶角缠绕伤臂并用顶角上的小布带结扎，然后把受伤的前臂弯曲到胸前，成近直角形，最后把两底角打结。

3）下肢包扎法，膝关节受伤时，应根据伤肢的受伤情况，把三角巾折成适当宽度，使之成为带状，然后把它的中段斜放在膝的伤处，两端拉向膝后交叉，再缠绕到膝前外侧打结固定。

3. 止血和包扎时要注意的问题

（1）采用压迫止血法时，应根据不同的受伤部位，正确选择指压点；采用止血带止血时，注意止血带不能直接和皮肤接触，必须先用纱布、棉花或衣服垫好。每隔 1 h 松解止血带 2～3 min，然后在另一稍高的部位扎紧，以暂时恢复血液循环。

（2）扎止血带的部位不要离出血点太远，以免使更多的肌肉组织缺血、缺氧。严重挤压的肢体或伤口远端肢体严重缺血时，禁止使用止血带。

（3）包扎时要做到快、准、轻、牢。"快"就是包扎动作要迅速、敏捷、熟练；"准"就是包扎部位要准确；"轻"就是包扎动作要轻柔，不能触碰伤口，打结也要避开伤口；"牢"就是要牢靠，不能过紧或过松，过紧会妨碍血液流动，影响血液循环，过松容易造成绷带脱落或移动。

（4）头部外伤和四肢外伤一般采用三角巾包扎和绷带包扎。如果抢救现场没有三角巾或绷带，可利用衣服、毛巾等物代替。

（5）在急救中，如果伤员出现大出血或休克情况，则必须先进行止血和人工呼吸，不要因为忙于包扎而耽误了抢救时间。

4. 眼睛受伤急救

发生眼伤后，可做如下急救处理：

（1）轻度眼伤如眼进异物，可叫现场同伴翻开眼皮用干净手绢、纱布将异物拨出。如眼中溅进化学物质，要及时用水冲洗。

（2）严重眼伤时，可让伤者仰躺，施救者设法支撑其头部，并尽可能使其保持静止不动，千万不要试图拨出插入眼中的异物。

（3）见到眼球鼓出或从眼球脱出的东西，不可把它推回眼内，这样做十分危险，可能会把能恢复的伤眼弄坏。

（4）立即用消毒纱布轻轻盖上，如没有纱布可用刚洗过的新毛巾覆盖伤眼，再缠上布条，缠时不可用力，以不压及伤眼为原则。

做出上述处理后，立即送医院再做进一步的治疗。

### 三、断肢（指）与骨折处理方法

1. 断肢（指）处理

发生断肢（指）后，除做必要的急救外，还应注意保存断肢（指），以求进行再植。保存的方法是：将断肢（指）用清洁纱布包好，放在塑料袋里。不要用水冲洗断肢（指），也不要用各种溶液浸泡。若有条件，可将包好的断肢（指）置于冰块中，冰块不能直接接触断肢指。然后将断肢（指）随伤员一同送往医院。

在工作中如果发生手外伤时，首先采取止血包扎措施。如有断手、断肢要立即拾起，把断手用干净的手绢、毛巾、布片包好，放在没有裂缝的塑料袋或胶皮带内，袋口扎紧。然后在口袋周围放冰块、雪糕等降温。做完上述处理后，救护人员立即随伤员把断肢迅速送往医院，让医生进行断肢再植手术。切忌在断肢上涂碘酒、酒精或其他消毒液，否则会使组织细胞变质，造成不能再植的严重后果。

2. 骨折的固定方法

骨骼受到外力作用时，发生完全或不完全断裂时叫作骨折。按照骨折端是否与外相通，骨折分为两大类：即闭合性骨折与开放性骨折。前者骨折端不与外界相通，后者骨折端与外界相通。从受伤的程度来说，开放性骨折一般伤情比较严重。遇有骨折类伤害，应做好紧急处理后，再送医院抢救。

为了确保伤员在运送途中的安全，防止断骨刺伤周围的神经和血管组织，加重伤员痛苦，对骨折处理的基本原则是尽量不让骨折肢体活动，不要进行现场复位。因此，要利用一切可利用的条件，及时、正确地对骨折做好临时固定。

（1）上肢肱骨骨折的固定。可用夹板（或木板、竹片、硬纸夹等），放在上臂内外两侧，用绷带或布带缠绕固定，然后把前臂屈曲固定于胸前。也可用一块夹板放在骨折部位的外侧，中间垫上棉花或毛巾，再用绷带或三角巾固定。

（2）前臂骨折的固定。用长度与前臂相当的夹板，夹住受伤的前臂，再用绷带或布带自肘关节至手掌进行缠绕固定，然后用三角巾将前臂吊在胸前。

（3）股骨骨折的固定。用两块一定长度的夹板，其中一块的长度与腋窝至足根的长度相当，另一块的长度与伤员的腹股沟到足根的长度相当。长的一块放在伤肢外侧腋窝下并和下肢平行，短的一块放在两腿之间，用棉花或毛巾垫好肢体，再用三角巾或绷带分段扎牢固定。

（4）小腿骨折的固定。取长度相当于由大腿中部到足根那样长的两块夹板，分别放在受伤的小腿内外两侧，用棉花或毛巾垫好，再用三角巾或绷带分段固定。也可用绷带或三角巾将受伤的小腿和另一条没有受伤的腿固定在一起。

（5）脊椎骨折的固定。这是一种大型固定。由于伤情较重，在转送前必须妥善固定。取一块与肩同宽的长木板垫在背后，左右腋下各置一块宽度约身体厚度 2/3 的木板，然后分别在小腿膝部、臀部、腹部、胸部，用宽带予以固定。颈椎骨折者应在头部两侧置沙袋固定头部，使其不能左右摆动。

3. 骨折临时固定时要注意的问题

（1）骨折部位如有开放性伤口和出血，应先止血，并包扎伤口，然后再作骨折的临时固定；如有休克，应先进行人工呼吸。

（2）对于有明显外伤畸形的伤肢，只要作临时固定进行大体纠正即可，而不需要按原形完全复位，也不必把露出的断骨送回伤口，否则会给伤员增加不必要的痛苦，或因处理不当使伤情加重。要注意防止伤口感染和断骨刺伤血管、神经，以免给以后的救治造成困难。

（3）对于四肢和脊柱的骨折，要尽可能就地固定。在固定前，不要随意移动伤肢或翻动伤员。为了尽快找到伤口，又不增加伤员的痛苦，可剪开伤员的衣服和裤子。固定时不可过紧或过松。四肢骨折应先固定骨折上端，再固定下端，并露出手指或趾尖，以便观察血液循环情况。如发现指（趾）尖苍白发冷并呈青紫色，说明包扎过紧，要放松后重新固定。

（4）临时固定用的夹板和其他可用作固定的材料，其长度和宽度要与受伤的肢体相称。夹板应能托住整个伤肢。除了把骨折的上下两端固定好外，如遇关节处，要同时把关节固定好。

（5）夹板或简便材料不能同皮肤直接接触，要用棉花或毛巾、布单等柔软物品垫好，尤其在夹板的两端，骨头突出的地方和空隙的部位，都必须垫好。

**四、伤员搬运方法**

经过急救以后，就要把伤员迅速地送往医院。搬运伤员也是救护的一个非常重要的环节。如果搬运不当，可使伤情加重，严重时还可能造成神经、血管损伤，甚至瘫痪，难以治疗。因此，对伤员的搬运应十分小心。

1. 单人搬运法

如果伤员伤势不重，可采用扶、掮、背、抱的方法将伤员运走。有三种方式：单人扶着行走，即左手拉着伤员的手，右手扶住伤员的腰部，慢慢行走。此法适于伤员伤势不重，神志清醒时使用；肩膝手抱法，若伤员不能行走，但上肢还有力量，可让伤员钩在搬运者颈上。此法禁用于脊柱骨折的伤员；背驮法，先将伤员支起，然后背着走。

2. 双人搬运法

有三种方式：平抱着走，即两个搬运者站在同侧，并排同时抱起伤员；膝肩抱着走，即一人在前面提起伤员的双腿，另一人从伤员的腋下将其抱起；用靠椅抬着走，即让伤员坐在椅子上，一人在后面抬着靠背部，另一人在前抬椅腿。

3. 几种严重伤情的搬运法

（1）颅脑伤昏迷者搬运。首先要清除伤员身上的泥土、堆盖物，解开衣襟。搬运时要重点保护头部，伤员在担架上应采取半俯卧位，头部侧向一边，以免呕吐时呕吐物阻塞气道而窒息，若有暴露的脑组织应保护。抬运应两人以上，抬运前头部给以软枕，膝部、肘部要用衣物垫好，头颈部两侧垫衣物使颈部固定。

（2）脊柱骨折搬运。脊柱骨俗称背脊骨，包括胸椎、腰椎等。脊柱骨折伤员如果现场急救处理不当，容易使其增加痛苦，造成不可挽救的后果。对于脊柱骨折的伤员，一定要用木板做的硬担架抬运。应由2～4人抬运，使伤员成一线起落，步调一致，切忌一人抬胸，一人抬腿。伤员放到担架上以后，要让他平卧，腰部垫一个衣服垫，然后用3～4根布带把伤员固定在木板上，以免在搬运中滚动或跌落，造成脊柱移位或扭转，刺激血管和神经，使下肢瘫痪。

无担架、木板，需众人用手搬运时，抢救者必须有一人双手托住伤者腰部，切不可单独一人用拉、拽的方法抢救伤者。否则，把受伤者的脊柱神经拉断，会造成下肢永久性瘫痪的严重后果。

（3）颈椎骨折搬运。搬运颈椎骨折伤员时，应由一人稳定头部，其他人以协调力量将伤员平直抬到担架上，头部左右两侧用衣物、软枕加以固定，防止左右摆动。

4. 搬运伤员时要注意的问题

（1）在搬运转送之前，要先做好对伤员的检查和完成初步的急救处理，以保证转运途中的安全。

（2）要根据受伤的部位和伤情的轻重，选择适当的搬运方法。

（3）搬运行进中，动作要轻，脚步要稳，步调要一致，避免摇晃和振动。

（4）用担架抬运伤员时，要使伤员脚朝前，头在后，以使后面的抬送人员能及时看到伤员的面部表情。

# 第二节　紧急避险与逃生

## 一、紧急避险的方法

当作业场所发生人身伤害事故后，如果能采取正确的现场应急、逃生措施，可以大大降低死亡及出现后遗症的可能性。因此，每个职工都应熟悉急救、逃生方法，以便在事故发生后自救互救。

1. 及时发现危险征兆

事故发生之前，作业现场往往会出现某种异常现象。如有异常声响、振动、特殊气味，警报装置发出报警信息等。作业人员在操作过程中，应随时注意现场的状况，及时发现出现的异常情况，并能够从这些异常情况中判断出危险征兆。

2. 采取应急对策

迅速反应和采取正确的措施，是转危为安的关键。通常的应急对策是：及早发现现场的危险征兆，赢得时间；迅速查明危险所在的部位，正确判断危险出现的原因；立即采取措施消除危险，或及时报告。如果判断事故即将发生，来不及报告时，要立即停止设备运行，采取应急措施；当事故（如火灾、爆炸等）局部发生时，要立即采取相应的扑救措施，防止事故蔓延和二次事故发生。与此同时，要组织人员撤离现场，迅速避险。

3. 掌握转危为安的法宝

危险应急的根本目的就是转危为安。如何才能转危为安、化险为夷，这就要求现场人员首先要沉着镇定，临危不惧；然后采取对策，见机行事。很多情况下，如果对异常情况或者危险征兆判断准确，处理措施得当，就会避免伤亡事故的发生；反之，如果对危险处理不当，往往会造成更为严重的后果。

## 二、毒气泄漏时的避险与逃生

化学品毒气泄漏的特点是发生突然，扩散迅速，持续时间长，涉及面广。一旦出现泄漏事故，往往引起人们的恐慌，处理不当则会产生严重的后果。因此，发生毒气泄漏事故后，如果现场人员无法控制泄漏，则应迅速报警并选择安全逃生。不同化学物质以及在不同情况下出现泄漏事故，其自救与逃生的方法有很大差异。若逃生方法选择不当，不仅不能安全逃出，反而会使自己受到更严重的伤害。

1. 安全撤离事故现场

（1）发生毒气泄漏事故时，现场人员不可恐慌，按照平时应急预案的演习步骤，各司其职，井然有序地撤离。

（2）从毒气泄漏现场逃生时，要抓紧宝贵的时间，任何贻误时机的行为都有可能给现场人员带来灾难性的后果。因此，当现场人员确认无法控制泄漏时，必须当机立断，选择正确的逃生方法，快速撤离现场。

（3）逃生要根据泄漏物质的特性，佩戴相应的个体防护用具。如果现场没有防护用具或者防护用具数量不足，也可应急使用湿毛巾或衣物捂住口鼻进行逃生。

（4）沉着冷静确定风向，然后根据毒气泄漏源位置，向上风向或沿侧风向转移撤离，也就是逆风逃生；另外，根据泄漏物质的密度，选择沿高处或低洼处逃生，但切忌在低洼处滞留。

（5）如果事故现场已有救护消防人员或专人引导，逃生时要服从他们的指引和安排。

2. 提高自救与逃生能力

在毒气泄漏事故发生时能够顺利逃生，除了在现场能够临危不惧，采取有效的自救逃生方法外，还要靠平时对有毒有害化学品知识的掌握和防护、自救能力的提高。因此，接触危险化学品的职工，应了解本企业、本班组各种化学危险品的危害，熟悉厂区建筑物、设备、道路等，必要时能以最快的速度报警或选择正确的方法逃生。同时，企业应向职工提供必要的设备、培训等条件，通过对职工的安全教育和培训，使他们能够正确识别化学品安全标签，了解有毒化学品安全使用程序和注意事项，以及所接触化学品对人体的危害和防护急救措施。企业还应制订和完善毒气泄漏事故应急预案，并定期组织演练，让每一个职工都了解应急方案，掌握自救的基本要领和逃生的正确方法，提高职工对付毒气泄漏事故的应变能力，做到遇灾不慌，临阵不乱，正确判断和处理。

另外，根据国家有关法律法规，有毒气泄漏可能的企业，应该在厂区最高处安装风向标。发生泄漏事故后，风向标可以正确指导有关人员根据风向及泄漏源位置，及时往上风向或侧风向逃生。企业还应保证每个作业场所至少有两个紧急出口，出口和通道要畅通无阻并有明显标志。

**三、火灾时的避险与逃生**

火灾的发生往往是瞬间的、无情的，如何提高自我保护能力，从火灾现场安全撤离，成为减少火灾事故中人员伤亡的关键。因此，多掌握一些自救与逃生的知识、技能，把握住脱险时机，就会在困境中拯救自己或赢得更多等待救援的时间，从而获得第二次生命。

1. 遇到火情时的对策

（1）火势初期的对策。如果发现火势不大，未对人与环境造成很大威胁，其附近有消防器材，如灭火器、消防栓、自来水等，应尽可能地在第一时间将火扑灭，不可置小火于不顾而酿成火灾。

（2）火势失控后的对策。若火势失去控制，不要惊慌失措，应冷静机智地运用火场自救和逃生知识摆脱困境。心理的恐慌和崩溃往往使人丧失绝佳的逃生机会。

2. 建筑物内火灾的避险与逃生

（1）沉着冷静，辨明方向，迅速撤离危险区域。突遇火灾，面对浓烟和大火，首先要使自己保持镇静，迅速判断危险地点和安全地点，果断决定逃生的办法，尽快撤离险地。如果火灾现场人员较多，切不可慌张，更不要相互拥挤、盲目跟从或乱冲乱撞、相互践踏，造成意外伤害。

撤离时要朝明亮或外面空旷的地方跑，同时尽量向楼梯下面跑。

进入楼梯间后，在确定下楼层未着火时，可以向下逃生，而决不应往上跑。若通道已被烟火封阻，则应背向烟火方向离开，通过阳台、气窗、天台等往室外逃生。如果现场烟雾很大或断电，能见度低，无法辨明方向，则应贴近墙壁或按指示灯的提示，摸索前进，找到安全出口。

（2）利用消防通道逃生。在高层建筑中，电梯的供电系统在火灾时随时会断电，或因强热作用使电梯部件变形而"卡壳"将人困在电梯内，给救援工作增加难度；同时由于电梯井犹如贯通的烟囱般直通各楼层，有毒的烟雾极易被吸入其中，人在电梯里随时会被浓烟毒气熏呛而窒息。因此，火灾时千万不可乘普通的电梯逃生，而是要根据情况选择进入相对较为安全的楼梯、消防通道、有外窗的通廊。此外，还可以利用建筑物的阳台、窗台、天台屋顶等攀到周围的安全地点。

如果逃生要经过充满烟雾的路线，为避免浓烟呛入口鼻，可使用毛巾或口罩蒙住口鼻，同时使身体尽量贴近地面或匍匐前行。烟气较空气轻而飘于上部，贴近地面撤离是避免烟气吸入、滤去毒气的最佳方法。穿过烟火封锁区，应尽量佩戴防毒面具、头盔、阻燃隔热服等护具，如果没有这些护具，可向头部、身上浇冷水或用湿毛巾、湿棉被、湿毯子等将头、身体裹好，再冲出去。

（3）寻找、自制有效工具进行自救。有些建筑物内设有高空缓降器或救生绳，火场人员可以通过这些设施安全地离开危险的楼层。如果没有这些专门设施，而安全通道又已被烟火封堵，在救援人员还不能及时赶到的情况下，可以迅速利用身边的绳索或床单、窗帘、衣服等自制成简易救生绳，有条件的最好用水打湿，然后从窗台或阳台沿绳缓滑到下面楼层或地面；还可以沿着水管、避雷线等建筑结构中的凸出物滑到地面安全逃生。

（4）暂避较安全场所，等待救援。假如用手摸房门已感到烫手，或已知房间被大火或烟雾围困，此时切不可打开房门，否则火焰与浓烟会顺势冲进房间。这时可采取创造避难场所、固守待援的办法。首先应关紧迎火的门窗，打开背火的门窗，用湿毛巾或湿布条塞住门窗缝隙，或者用水浸湿棉被蒙上门窗，并不停泼水降温，同时用水淋透房间内可燃物，防止烟火渗入，固守在房间内，等待救援人员到达。

（5）设法发出信号，寻求外界帮助。被烟火围困暂时无法逃离的人员，应尽量站在阳台或窗口等易于被人发现和能避免烟火近身的地方。在白天，可以向窗外晃动鲜艳衣物，或向外抛轻型晃眼的东西；在晚上，可以用手电筒不停地在窗口闪动或者利用敲击金属物、大声呼救等方式，及时发出有效的求救信号，引起救援者的注意。另外，消防人员进入室内救援都是沿墙壁摸索前进，所以当被烟气窒息失去自救能力时，应努力滚到墙边或门边，便于消防人员寻找、营救。同时，躺在墙边也可防止房屋结构塌落砸伤自己。

（6）无法逃生时，跳楼是最后的选择。身处火灾烟气中的人，精神上往往陷于恐怖之中，这种恐慌的心理极易导致不顾一切的伤害性行为，如跳楼逃生。应该注意的是，只有消防人员准备好救生气垫并指挥跳楼时，或者楼层不高（一般4层以下），非跳楼即被烧死的情况下，才采取跳楼的方法。即使已没有任何退路，若生命还未受到严重威胁，也要冷静地等待消防人员的救援。

跳楼也要有技巧。跳楼时应尽量往救生气垫中部跳或选择有水池、软雨篷、草地等方向跳；如有可能，要尽量抱些棉被、沙发垫等松软物品或打开雨伞跳下，以减缓冲击力。如果徒手跳楼，一定要抓住窗台或阳台边沿使身体自然下垂，以尽量降低身体与地面的垂直距离，落地前要双手抱紧头部，身体弯曲成一团，以减少伤害。跳楼虽可求生，但会对身体造成一定的伤害，所以要慎之又慎。

3. 矿井发生火灾时如何避险与逃生

井下发生火灾事故时，现场人员要保持镇静，并尽力进行灭火。如果火灾范围很大，或者火势很猛，现场人员已无力扑灭，就要进行自救避灾。由于矿井环境的特殊性，因此积极进行自救避险显得极为重要。具体做法是：

（1）迅速戴好自救器，听从现场指挥人员的指挥，按照平时应急方案的演习步骤，有秩序地撤离火灾现场。

（2）位于火源进风侧人员，应迎着新风撤退。位于火源回风侧人员，如果距火源较近且火势不大时，应迅速冲过火源撤到进风侧，然后迎风撤退；如果无法冲过火区，则沿回风撤退一段距离，尽快找到捷径绕到新鲜风流中再撤退。

（3）如果巷道已经充满烟雾，也绝对不能惊慌，不能乱跑，要迅速地辨明发生火灾的地区和风流方向，然后俯身摸着铁道或铁管有秩序地外撤。

（4）如果实在无法撤出，应利用独头巷道、硐室或两道风门之间的条件，因地制宜，就地取材构建临时避难硐室，尽量隔断风流，防止烟气侵入，然后静卧待救。

（5）所有避灾人员必须统一行动，团结互助，共同渡过难关。

4. 提高自救与逃生能力

（1）熟悉周围环境，记牢消防通道路线。每个人对自己工作场所环境和居住所在地的建筑物结构及逃生路线要做到了如指掌；若处于陌生环境，如入住宾馆、商场购物、进入娱乐场所时，务必要留意疏散通道、紧急出口的具体位置及楼梯方位等，这样一旦火灾发生，寻找逃生之路就会胸有成竹，临危不惧，并安全迅速地脱离现场。

（2）不断提高自己的安全意识。只有在日常工作和生活中注意积累和提高各种安全技能，才能使自己面对险境时保持镇静，得以生存。因此，有火灾隐患的单位或其他有条件的单位，应集中组织火灾应急逃生预演，使人们熟悉周围环境和建筑物内的消防设施及自救逃生的方法。这样，火灾发生时，就不会惊惶失措、走投无路，使每个人都能沉着应对，从容不迫地逃离险境。这也是人们能从火场逃生的最有效措施之一。

（3）保持通道出口畅通无阻。楼梯、消防通道、紧急出口等是火灾发生时最重要的逃生之路，应确保其畅通无阻，切不可堆放杂物或封闭上锁。任何人发现任何地点的消防通道或紧急出口被堵塞，都应及时报告公安消防部门进行处理。

# 第三节　现场处置与救护

## 一、中毒窒息的救护

一氧化碳、二氧化氮、二氧化硫、硫化氢等超过允许浓度时，均能使人吸入后中毒。发生中毒窒息事故后，救援人员千万不要贸然进入现场施救，首先要做好预防工作，避免成为新的受害者。具体可按照下列方法进行抢救：

1. 通风

加强全面通风或局部通风，用大量新鲜空气对中毒区的有毒有害气体浓度进行稀释冲淡，待有害气体降到允许浓度时，方可进入现场抢救。

2. 做好防护工作

救护人员在进入危险区域前必须戴好防毒面具、自救器等防护用品，必要时也应给中毒者戴上，迅速将中毒者小心地从危险的环境转移到一个安全的、通风的地方；如果需要从一个有限的空间，如深坑或地下某个场所进行救援工作，应发出报警以求帮助，单独进入危险地方帮助某人时，可能导致两人都受伤；如果伤员失去知觉，可将其放在毛毯上提拉，或抓住衣服，头朝前转移出去。

3. 进行有效救治

如果是一氧化碳中毒，中毒者还没有停止呼吸，则脱去中毒者被污染的衣服，松开领口、腰带，使中毒者能够顺畅地呼吸新鲜空气，也可让中毒者闻氨水解毒；如果呼吸已停止但心脏还在跳动，则立即进行人工呼吸，同时针刺人中穴；若心脏跳动也停止了，应迅速进行心脏胸外挤压，同时进行人工呼吸。

对于硫化氢中毒者，在进行人工呼吸之前，要用浸透食盐溶液的棉花或手帕盖住中毒者的口鼻。

如果是瓦斯或二氧化碳窒息，情况不太严重时，可把窒息者移到空气新鲜的场所稍作休息；若窒息时间较长，就要进行人工呼吸抢救。

如果毒物污染了眼部、皮肤，应立即用水冲洗；对于口服毒物的中毒者，应设法催吐，简单有效的办法是用手指刺激舌根；对腐蚀性毒物可口服牛奶、蛋清、植物油等进行保护。

救护中，抢救人员一定要沉着，动作要迅速。对任何处于昏睡或不清醒状态的中毒人员，必须尽快送往医院进行诊治，如有必要，还应有一位能随时给病人进行人工呼吸的人同行。

**二、触电的救护**

当通过人体的电流较小时，仅产生麻感，对肌体影响不大。当通过人体的电流增大，但小于摆脱电流时，虽可能受到强烈打击，但尚能自己摆脱电源，伤害可能不严重。当通过人体的电流强度接近或达到致命电流时，触电伤员会出现神经麻痹、血压降低、呼吸中断、心脏停止跳动等征象，外表上呈现昏迷不醒的状态，同时面色苍白，口唇紫绀，瞳孔扩大，肌肉痉挛，呈全身性电休克所致的假死状态。这样的伤员必须立即在现场进行心肺复苏抢救。有资料表明，触电后 3 min 开始救治者，90％有良好效果；触电后 6 min 内开始救治者，50％可能复苏成功；触电后 12 min 再开始救治，救活的可能性很小。

1. 触电后的急救

（1）低压触电者脱离电源。人触电以后，可能由于痉挛、失去知觉或中枢神经失调而紧抓带电体，不能自行脱离电源。这时，使触电者尽快脱离电源是救治触电者的首要条件。触电急救的基本原则是动作迅速、方法正确。

1）如果电源开关或电源插头在触电地点附近，可立即拉开开关或拔出插头，切断电源。要注意的是，由于拉线开关和平开关只控制一根线，如错误地安装在工作零线上，则切断开关只能切断负荷而不能切断电源。

2）如果电源开关或电源插头不在触电地点附近，可用绝缘柄的电工钳或用干燥木柄的斧头切断电源，或用干木板等绝缘物质插入触电者身下，隔断电流。

3）如果电线搭落在触电者身上或被压在身下，可用干燥的木棒、木板、绳索、手套等绝缘物作为工具，拉开触电者或挑开电线。切不可用手拉触电者，也不能用金属或潮湿的东西挑电线。

4）如果触电者的衣服是干燥的，又没有紧缠在身上，可以用一只手抓住他的衣服，拉离电源。但因触电者的身体是带电的，其鞋的绝缘也可能遭到破坏。救护人不得接触触电者的皮肤，也不能抓他的鞋。

（2）高压触电者脱离电源：

1）立即通知有关部门停电。

2）带上绝缘手套、穿上绝缘靴，用相应电压等级的绝缘工具拉开开关。

3）如果事故发生在线路上，可抛掷裸金属线使线路短路接地，迫使保护装置动作，切断电源。抛掷金属线前，一定将金属线一端可靠接地，再抛掷另一端。被抛出的一端不可触及触电者和其他人。

（3）对触电者进行现场急救。触电者脱离电源后，应根据触电者的具体情况，迅速地对症救治。

1）如果触电者伤势不重、神志清醒，但有些心慌、四肢麻木、全身无力，或触电者曾一度昏迷，但已清醒过来，应让触电者安静休息，注意观察并请医生前来治疗。

2）如果触电者伤势较重，已经失去知觉，但心脏跳动和呼吸尚未中断，应让触电者安静地平卧，解开其紧身衣服以利呼吸；保持空气流通，若天气寒冷，则注意保温。严密观察，速请医生治疗或送往医院。

3）如果触电者伤势严重，呼吸停止或心脏跳动停止，应立即实施口对口人工呼吸或胸外心脏挤压进行急救；若二者都已停止，则应同时进行口对口人工呼吸和胸外心脏挤压急救，并速请医生治疗或送往医院。在送往医院的途中，不能中止急救。

4）若触电的同时发生外伤，应根据情况酌情处理。对于不危及生命的轻度外伤，可以在触电急救之后处理；对于严重的外伤，在实施人工呼吸和胸外心脏挤压的同时进行处理，如伤口出血，应予以止血，进行包扎，以防感染。

2. 救护时要注意的问题

（1）救护人员切不可直接用手、其他金属或潮湿的物件作为救护工具，而必须使用干燥绝缘的工具。救护人员最好只用一只手操作，以防自己触电。

（2）为防止触电者脱离电源后可能摔倒，应准确判断触电者倒下的方向，特别是触电者身在高处的情况下，更要采取防摔措施。

（3）人在触电后，有时会有较长时间的"假死"，因此，救护人员应耐心进行抢救，不可轻易中止。但切不可给触电者打强心针。

（4）触电后，即使触电者表面的伤害看起来不严重，也必须接受医生的诊治。因为身体内部可能会有严重的烧伤。

**三、烧伤的救护**

烧伤是指各种热力、化学物质、电流及放射线等作用于人体后造成的特殊损伤。在生产过程中有时会受到一些明火、高温物体烧烫伤害，严重的烧伤会破坏身体防病的重要屏障，血浆液体迅速外渗，血液浓缩，体内环境发生剧烈变化，产生难以抑制的疼痛。这时伤员很容易发生休克，危及生命。所以烧伤的紧急救护不能延迟，要在现场立即进行。基本原则是：消除热源、灭火、自救互救。

1. 化学烧伤的救护

化学物质对人体组织有热力、腐蚀致伤作用，一般称为化学烧伤。其烧伤的程度取决于化学物质的种类、浓度和作用持续时间。常见的化学烧伤有碱烧伤和酸烧伤。常见化学烧伤的救护方法如下：

（1）生石灰烧伤。迅速清除石灰颗粒，用大量流动的洁净的冷水冲洗，至少 10 min 以上，尤其是眼内烧伤，更应彻底冲洗。切忌将受伤部位用水浸泡，防止生石灰遇水产生大量热量而加重烧伤。

（2）强酸烧伤。强酸包括硫酸、盐酸、硝酸。出现皮肤烧伤情况后，应立即用大量清水冲洗至少 10 min（除非另有说明）。如果衣服被污染，应立即脱掉或将污染的部位撕掉，同时用大量水冲洗。还可用 4％碳酸氢钠或 2％苏打水冲洗中和。

若眼部烧伤，首先采取简易的冲洗方法，即用手将患眼撑开，把面部浸入清水中，将头轻轻摇动。冲洗时间不低于 20 min。切忌用手或手帕揉擦眼睛，以免增加创伤。

吸入性烧伤可出现咳血性泡沫痰、胸闷、流泪、呼吸困难、肺水肿等症状。此时要注意保持呼吸道畅通，可用 2％～4％碳酸氢钠雾化吸入。

消化道烧伤后上腹部剧痛、呕吐大量褐色物及食道、胃黏膜碎片。此时可口服牛奶、蛋清、豆浆、食用植物油任一种，每次 200 mL，保护消化道黏膜。严禁催吐或洗胃，也不得口服碳酸氢钠，以免因产生大量的二氧化碳而导致穿孔。

（3）强碱烧伤。强碱包括氢氧化钠、氢氧化钾、氧化钾等。皮肤烧伤需用大量清水彻底冲洗创面，直到皂样物质消失为止；也可用食醋或 2% 的醋酸冲洗中和或湿敷。

眼部烧伤至少用清水冲洗 20 min 以上。严禁用酸性物质冲洗眼内，可在清水冲洗后点眼药水。

误服强碱后，立即口服食醋、柠檬汁以起到中和作用，也可口服牛奶、蛋清、豆浆、食用植物油任一种，每次 200 mL，保护消化道黏膜。严禁催吐或洗胃。

需要注意的是，严重烧伤早期应及时给伤员补充体液，防治休克。最好口服烧伤饮料、含盐饮料，少量多次饮用。不要单纯喝白水、糖水，更不可一次饮水过多。

2. 热烧伤的救护

火焰、开水、蒸汽、热液体或固体直接接触于人体引起的烧伤，都属于热烧伤。其烧伤程度取决于作用物体的温度和作用持续的时间。严重烧伤是很危险的，急性期要过三关：休克关、感染关、窒息关。后期还需进行整形植皮，严重烧伤的病人需施行几十次手术，最终也很难恢复到烧伤前的外形和功能。热烧伤的救护方法如下：

（1）轻度烧伤尤其是不严重的肢体烧伤，应立即用清水冲洗或将患肢浸泡在冷水中 10～20 min，如不方便浸泡，可用湿毛巾或布单盖在患部，然后浇冷水，以使伤口尽快冷却降温，减轻热力引起的损伤。穿着衣服的部位烧伤严重，不要先脱衣服，否则易使烧伤处的水泡皮一同撕脱，造成伤口创面暴露，增加感染机会。而应立即朝衣服上面浇冷水，待衣服局部温度快速下降后，再轻轻脱去衣服或用剪刀剪开褪去衣服。

（2）若烧伤处已有水疱形成，小的水疱不要随便弄破，大的水疱应到医院处理或用消毒过的针刺一小孔排出疱内液体，以免影响创面修复，增加感染机会。

（3）烧伤创面一般不作特殊处理，不要在创面上涂抹任何有刺激性的液体或不清洁的粉或油剂，只需保持创面及周围清洁即可。较大面积烧伤用清水冲洗清洁后，最好用干净纱布或布单覆盖创面，并尽快送往医院治疗。

（4）火灾引起烧伤时，伤员衣服着火时应立即脱去，如果一时难以脱下来，可让伤员卧倒在地滚压灭火，或用水浇灭火焰。冬天身穿棉衣时，有时明火熄灭，暗火仍燃，衣服如有冒烟现象应立即脱下或剪去以免继续烧伤。切勿带火奔跑或用手拍打，否则可能使得火借风势越烧越旺，使手被烧伤。也不可在火场大声呼喊，以免导致呼吸道烧伤。要用湿毛巾捂住口鼻，以防烟雾吸入导致窒息或中毒。

（5）重要部位烧伤后，抢救时要特别注意。如头面部烧伤后，常极度肿胀，且容易引起继发性感染，导致形态改变、畸形和功能障碍。呼吸道烧伤，如吸入热气流会导致呼吸道黏膜充血水肿，严重者甚至黏膜坏死、脱落，导致气道阻塞；吸入火焰烟雾或化学蒸气烟雾，会使支气管痉挛，肺充血水肿，降低通气功能而造成呼吸窘迫。由于呼吸道烧伤属于内脏烧伤，容易被漏诊因而延误抢救，以致造成早期死亡。因此，要密切观察伤员有无进展性呼吸困难，并及时护送到医院作进一步诊断治疗。

3. 电烧伤的救护

电烧伤是电能转化成热能造成的烧伤。由于电能的特殊作用，电烧伤所造成的软组织损伤是不规则的立体烧伤，烧伤口小、基底大而深，不能单纯用烧伤部位的面积来衡量烧伤的程度，而应该同时注意其深度及全身情况。

电烧伤有两种情况：一种是接触性电烧伤，又称电灼伤，是人体与带电体直接接触，电流通过人体时产生的热效应的结果。在人体与带电体的接触处，接触面积一般较小，电流密度可达很大数值，又因皮肤电阻较体内组织电阻大许多倍，故在接触处产生很大的热量，致使皮肤灼伤；另一种是电弧烧伤，电气设备的电压较高时产生的强烈电弧或电火花，瞬间所产生的温度高达 2 500～3 000℃，可烧伤人体，甚至击穿人体的某一部位，而使电弧电流直接通过内部组织或器官，造成深部组织坏死。

电烧伤后体表一般有一个入口和相应的出口，且入口比出口损伤重。电弧烧伤一般不会引起心脏纤维性颤动，更为常见的是人体由于呼吸麻痹而死亡，故抢救时应先进行呼吸的复苏；有神志障碍者，头部可用冰帽或冰袋。